シリーズ・生命の神秘と不思議

花のルーツを探る

―被子植物の化石―

髙橋 正道 著

裳華房

まえがき

花をつける被子植物には、ミカンや柿などの果実類や稲や小麦などの穀物類のように食用として人間の生活に重要な役割を担っているものや、庭に育てるチューリップやスイセンの花のように観賞用のものなど、多種多様な種類が含まれています。また、野山に育つカタクリやササユリなどのように、自然の中でささやかに咲いている花もあります。被子植物は、現在の地球上の全陸上植物の約9割を占め、その種類数は35万種以上に及んでいるとも言われています。これらの被子植物の中には、現代という時の流れの中で消えつつある植物も少なくありません。

これらの、花をつける被子植物は、いつ頃から地球上に出現したのでしょうか？　また、初めの頃の被子植物は、どのような花を咲かせていたのでしょうか？　実は、被子植物に関するこれらの疑問は、そう簡単に解決できるような問題ではありませんでした。今から150年も昔に、進化論で有名なダーウィンは、花をつける植物である被子植物の起源と進化の問題は、「忌まわしき謎」であるとして悩んでいました。

従来、植物化石の研究は、植物進化の研究には役に立たない分野であるとされてきました。その理由は、新生代でも、植物化石と言えばほとんどが葉の化石であり、花の化石が発見されるというようなことはめったになく、そのために、植物進化の研究に植物化石は役に立たないとされてきたのです。そもそも、恐竜が生きていた1億年も昔に咲いていた花が、立体的な構造を残したままに化石として残ることなど、常識的にみても考えることすらできませんでした。ところが、最近、白亜紀の地層から採掘された堆積岩の中から、三次元的構造を残している花の化石が次々に発見されるようになり、これまで地味で目立たない研究分野とされてきた植物化石の研究分野が画期的に進歩して、注目されるようになってきました。

最近の植物化石の研究によって、白亜紀に咲いていたさまざまな花が明らかにされ、現代の多様な被子植物へと進化してきたプロセスが解明されようとしています。本書では、被子植物の起源と初期進化について、筆者の研究を含めた最新の成果をもとに、植物化石という視点から解き明かされつつある、白亜紀における被子植物の花の進化を紹介します。

2017年 6月

髙橋正道

目　次

1章　プロローグ―花の話―

人々の植物に対する関心や興味は、野山でドングリや木の実を採取して生活していた頃からあったのかも知れません。ネアンデルタール人は、埋葬時に遺体の周囲にヤグルマギクなどの多くの花を飾っていた可能性があることが、埋葬跡から発見された花粉化石の種類から推定されています。

植物についての研究は、多様な形態に注目し、それぞれの種を区別し、どの地域に生えているのかというような植物の地域植物相の研究から進化のテーマまで、実にさまざまです。最近では、植物のもつ遺伝子を比較することによって、植物の系統関係を解明しようとする研究も行われています。

1　被子植物とは?

現在、地球上には多種多様な陸上植物が生育し、私たちの生活を豊かにしてくれています。現生の陸上植物は、コケ植物、ヒカゲノカズラ類（小葉類）、シダ類および種子植物から構成されています。これらの中で、コケ植物には維管束がなく、造卵器や造精器をつけ、胞子で繁殖しています。ヒカゲノカズラ類（小葉類）とシダ類には、維管束があり、胞子で繁殖しています。種子で繁殖する種子植物には、現生の裸子植物と被子植物が含まれており、古くは顕花植物とも呼ばれていました。植物分類学の父として有名なリンネは、裸子植物という分類群を知りませんでしたので、裸子植物と被子植物を区別しないで、一緒に顕花植物として、雄しべの数や長さで23綱に分類しました。そして、最後の24綱目に、雄しべをつけていない植物、つまり、花をつけない植物を隠花植物として、シダ類、コケ植物や、サンゴ類（動物）などをまとめました。そのために、現代でも顕花植物と称していた頃の影響が残っており、たくさんの雄しべをつけている裸子植物も花をつける植物と誤解されることがあります。

「花」という言葉は、「波の花」とか「花道」や「高嶺の花」というように、一般には、「美しいもの」というような意味で、いろいろな使い方がされています。アカマツの「花」が咲くとか、松の「実」といった表現を見受けることもときどきあります。しかし、植物学的に言えば、アカマツなどの裸子植物は種子をつけますが、種子をつつんでいる子房をもつ花をつけることはなく、果実を実らせることはありません。植物学的な用語として、「花」とは、子房（心皮）の中に胚珠（種子）が入っている状態になっていることであり、被子植物は、花が終われば果実をつけます。それに対して、胚珠（種子）がむき出しの裸子植物は、種子をつけますが、花を咲かせることはありませんし、果実をつけることもありません。たとえば、裸子植物の代表的な分類群であるイチョウの木は、秋になると、黄色い「果実（実）」のようなものをつけますが、イチョウの種子の周囲の果肉のような臭い匂いのある皮は、種子の周囲の皮（種皮）の一部です。つまり、イチョウは、種子をむき出しにぶら下げており、「果実（実）」をつけているのではありません。同様に、イチイの木は赤い「実」をつけるという表現がみられますが、イチイの種子の周囲の赤い部分は仮種皮であって、子房が変化した果皮ではありません。そのため、裸子植物であるイチイが、「花」を咲かせたり、「実」をつけることはありません。植物学的には、花を咲かせ、果実を実らせるのは、被子植物だけの特徴ということになります。

植物界の中で、最も進化した植物群である被子植物は、花を咲かせる植物であり、現代の地球の生態系の主要な構成要素で、その種類数は35万種以上にもおよんでいると言われています。キャベツや稲やメロンやイチゴなど、私たちが食用にしているほとんどの植物が、花を咲かせる被子植物です。被子植物の中には、わずか1ミリにも満たないウキクサがあるかと思えば、一方ではユーカリの木のように百メートルの高さに達する植物や、ラフレシアのように、直径が90センチにおよぶ大きいサイズの花をつける植物もあります。また、カワゴケソウのように渓流の中で花を咲かせる植物もあれば、ラン科植物のように樹上に着生するものや、草本、ツル植物、灌木、樹木など生育様式も多種多様です。被子植物は、形態的には実に多様な植物ですが、いわゆる「花」を咲かせるという共通した特徴をもっています。それでは、「花」とは、いったい何なのでしょうか。被子植物には、花弁のない花をつける植物もたくさんあります。花弁の有無で、花なのか、花でないのかが決まるわけではありません。花の基本的特徴は、①心皮が胚珠を包んでいること、

②重複受精をすることです。この植物学的な意味での「花」をもつことは、被子植物の共通した特徴です。

2　花の特徴

多くの被子植物の花の基本的構造は、雌しべや雄しべ、花弁、ガク片などの生殖器官が軸に集合してついている構造です（図1・1）。これらの各器官の形や形状は非常に変異に富んでおり、対称軸の数の違いで放射相称花と左右相称花に分けられます。花被片（「花被片」の説明は次ページ）は、花を最も目立たせる器官であり、チューリップのようにすべての花被片が同じ形をしているものもありますが、一般には花弁（花冠）とガク片に分化しています。多くの被子植物では、花被片と雄しべと雌しべがついている両性花をつけますが、中には花弁が欠如していたり、雄しべが花弁に変化しているものもあります。被子植物の種類

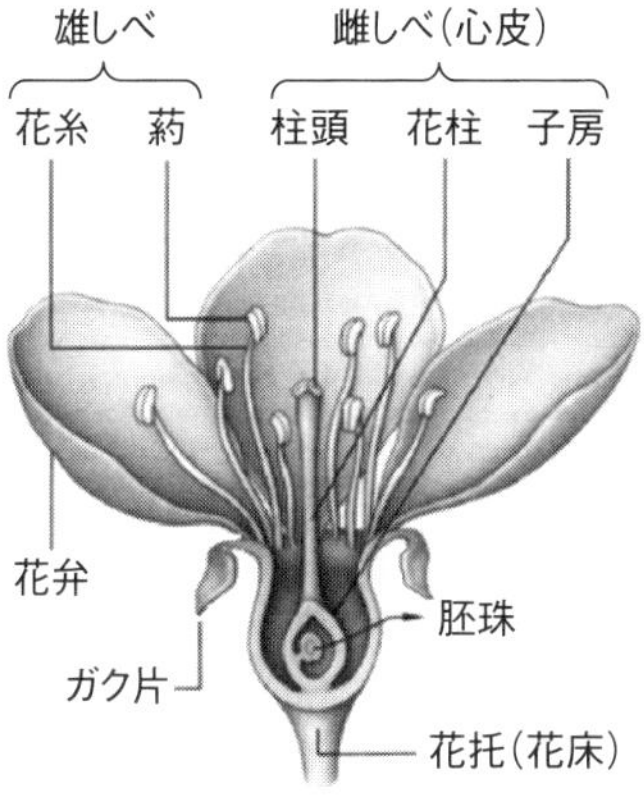

図1・1　被子植物の花の模式図
（Starr, 2000）

によっては、雄しべまたは雌しべの片方だけの単性花をつける植物もあります。雌の器官である雌しべは、心皮が胚珠をつつんでいる構造になっています。一個の雌しべを構成している心皮の数は、植物の種類によって決まっており、1個の心皮からなる子房をつける植物もあれば、数えられないほど多数の心皮で雌しべができている植物もあります。

花被片　多くの被子植物の花の最も外側には、ガク片があります。ガク片は、花が蕾《つぼみ》のときは保護器官となっています。その内側には、大型で多様な色彩をもつ花弁があります。これらの多様な花弁は、授粉媒介者を引き付ける役割を果たしています。チューリップのように、ガク片と花弁が同じ形のものは、花被片と呼ばれています。

雄しべ　花粉を生産する器官である雄しべは、一般に葯《やく》と花糸によって構成されています。原始的な被子植物では、葯と花糸がはっきりと区別できない雄しべをつけている植物もあります。被子植物では、1個の葯には、2個の花粉室が対になって、全部で4個の花粉室がついています。裸子植物の雄しべには、多数の花粉室がついているのに対して、被子植物の雄しべの構造には、被子植物であることを示すユニークな特徴があります。被子植物の花粉には、発芽口や表面模様を構成している花粉外膜の構造上の特徴がみられます。例えば、被子植物の花粉外膜は、他の種子植物の花粉と異なり、柱状構造体（コルメラ）によって支えられています。古い地質年代の地層からこのような特徴をもつ花粉化石が発見されると、被子植物が生育していた証拠と捉《とら》えられます。

雌しべ　花の雌の器官である雌しべは、心皮が胚珠を包んで膨らんでいる子房と子房の上部が伸びて形成される花柱と、さらにその先端部には花粉が授粉する柱頭に分化しています。被子植物では、閉じられた心皮は発育しつつある胚珠を保護しており、胚珠が外部にむき出しになっていないために、裸子植物などでみられるような、花粉が胚珠の先端に直接授粉するというやり方ができなくなります。そのため、心皮の先端部が授粉のための特殊な器官である柱頭に分化し、花粉は柱頭の表面で発芽し、花粉管を伸ばすようになります。

被子植物の花の特徴は、雌しべが、1枚ないし数枚の心皮で構成されていることです。心皮には、離生心皮と合生心皮があります。離生心皮は、一般には、原始的な被子植物群に多くみられるようですが、より進化した分類群にもみられることがあります。心皮の起源は、被子植物の進化の問題を解く重要な鍵とされています。胚珠を包むには、葉身が二つ折りに折りたたまれたように心皮が閉じられるという古典的な真花説の見解がありましたが、原始的な被子植物では、心皮の形成段階の初期段階で、嚢状《のうじょう》に発達していく植物もあることが明らかになってきました。葉身が二つ折りになることで心皮が形成されるという解釈は、再検討の余地があるのかも知れません。

心皮によって構成される子房の中には、1個ないし数個の胚珠を含んでいます。胚珠は生育が進むと種子に発達していきます。裸子植物の胚珠が、1枚の珠皮に覆われている直生胚珠であるのに対して、被子植物の胚珠は、2枚の珠皮に包まれており、胚珠が倒生して子房室内の胎座につながっている倒生胚珠が多くみられます。被子植物の内側の珠皮は裸子植物の珠皮と共通した起源であるということで一致しているものの、外側の珠皮の起源は、まだ解決されていない問題です。被子植物では、胚珠の中で2個の雄性配偶子が、卵細胞の核と極核細胞の核とそれぞれが融合し、重複受精を行い、受精卵と胚乳を形成します。

果実と種子　被子植物の心皮（子房）は成熟すると果実に発達し、その中に種子が含まれています。果実には、水分を多く含んでいる液果や乾燥してしまう乾果《かんか》があり、いずれも種子散布と深くかかわっていると考えられています。種子そのものが分散するものもありますが、成熟した心皮である果実が構造的変化を起こして、風や水の流れあるいは動物などによる種子散布のために多様な手段を使っています。果実をもつのは、被子植物だけの特徴です。

3　花の進化についての古典的な説

これまでに、被子植物はどのように進化してきて、どのような花が最も原始的であるかということについて、いろいろな考え方が提案されてきました。その中には、真花説と偽花説という相対立する古典的な説があります（図1・2）。

真花説では、被子植物の花は、羽状の大胞子葉と小胞子葉が変化して、雌しべや雄しべができあがり、これらの多数の側生器官がらせん状に単一の軸に配列している原始的な段階から進化してきたと考えられています。この説によれば、原始的な花は、大型で、虫媒花で、多くの心皮や扁平状の雄しべ、包葉が変化した花被片が、らせん状に離生してついているとみなされていました。心皮は、大きく、葉が折りたたまれたようであり、二珠皮性の倒生胚珠から発達した大きい種子を包んでおり、雄しべは、葯と花糸に明瞭に分化していない状態と考えられています。つまり、

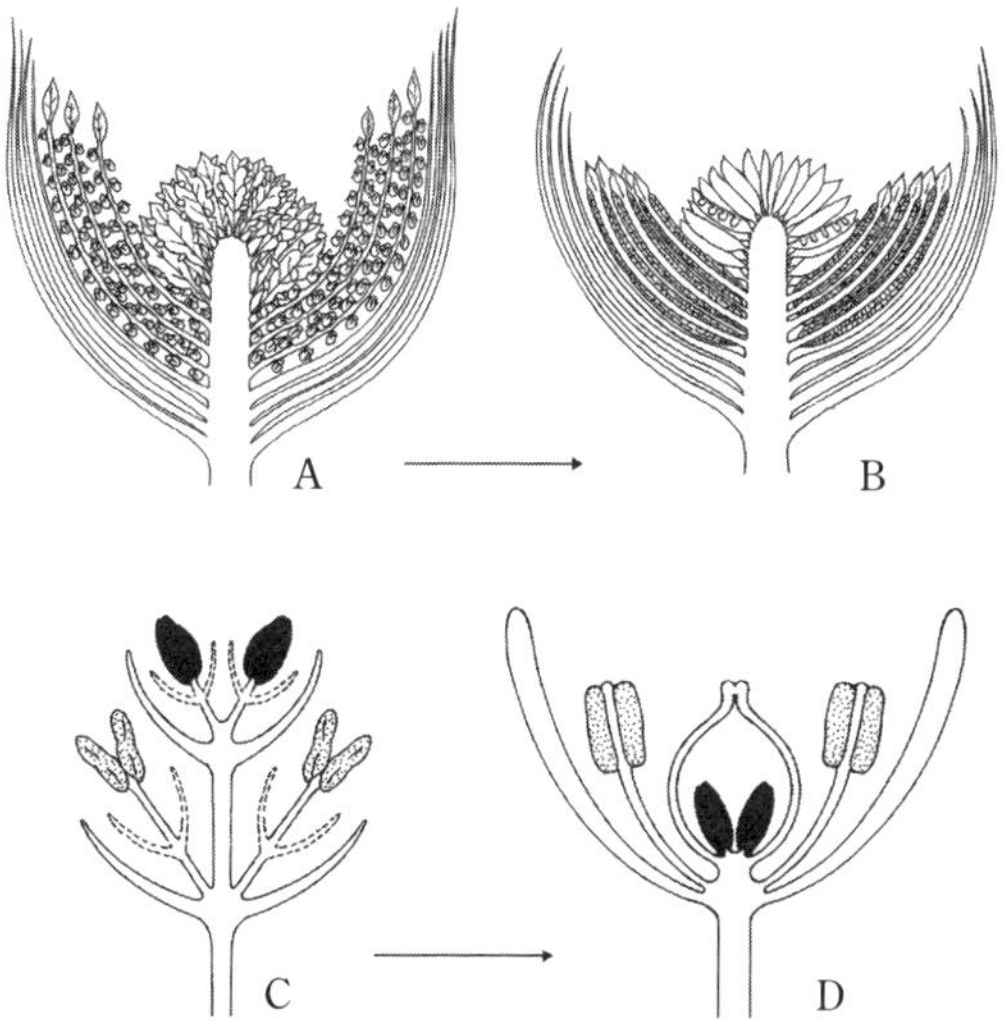

図1·2　真花説と偽花説
A→B 真花説：単軸構造体に多くの葉的器官が付いており、その葉的器官は、多くの花被、雄しべと心皮に分化している両性の花的構造（A）から、モクレン型の花に進化したという説。C→D 偽花説：マオウに類する仮想的多軸構造体に、頂生している胚珠と頂生している雄しべがついている構造体から、被子植物の花に進化したという説　(Arber and Parkin, 1907; Firbas, 1947; Friis *et al.*, 2011)

モクレン型の花のように、茎の先端に大型の花をつけ（単頂花序）、多数の大きな花被片と多数の雄しべと雌しべが、長い花床にらせん状についている花が原始的であると考えられています。

一方、偽花説によれば、花は複数の軸の集合体と考えられています。つまり、花は、花の集合体である花序から、いくつかの軸が退化することで花になっていったと解釈されています。軸の先端に花粉と胚珠をつける構造が、それぞれ雄しべと胚珠になり、心皮は、軸についている包葉が変化したものと考えられてきました。偽花説によれば、カバノキ科やモクマオウ科、ブナ科、クルミ科、フトモモ科のように、小さくて花被片のない単性花をつける植物が、被子植物の中で原始的なグループとみなされてきました。

１９８０年代までには、多くの植物学者によって、二つの古典的説の中で真花説が支持されるようになってきました。つまり、モクレンのような大型の虫媒花の両性花が最も原始的であり、他の種類の花は、花の各器官の数の減少や合着によって進化していったという説です。真花説に基づくモクレン説は、多心皮説とも呼ばれ、すでに、学説としては確立されており、揺らぐことはないと考えられてきました。しかも、被子植物は、双子葉類と単子葉類の二つのグループに区別されていました。

4　被子植物の分子系統

ところが、最近の分子系統学の研究によって、現生の被子植物の系統関係が明らかにされました。被子植物の単系統性が認められ、アンボレラという植物が、被子植物の進化の最初の段階で分岐したことが明らかにされ、スイレン科やシキミ科、トリメニア科、アウストロベイレヤ科、センリョウ科が分岐した後に、モクレン目と共にクスノキ目やコショウ目などが分岐し、さらに、単子葉類と真正双子葉類が進化していったことが明らかにされてきました（図1・3）。

これらの分子系統学的研究によって、現生の被子植物の系統関係が明らかにされてきました。これまで、大型のモクレン型の花が原始的であるとしてきた原始的被子植物群の系統関係が大きく揺れ動き、被子植物の起源に関する議論は新たな展開を始めました。しかし、現在の分子系統学的研究が明らかにできたのは、現生の被子植物の系統関係に限られており、白亜紀に出現した被子植物の初期進化群がどのような花を咲かせていたのかを明らかにすることはできませんでした。

そのために、被子植物の初期進化群の花の構造を植物化石で発見することや、絶滅した種子植物の中に被子植物の祖先群に関連する失われた鎖を探しだす研究への期待が高まってきました。被子植物の初期進化群のほとんどがすでに絶滅していますので、絶滅した植物群から失われた鎖

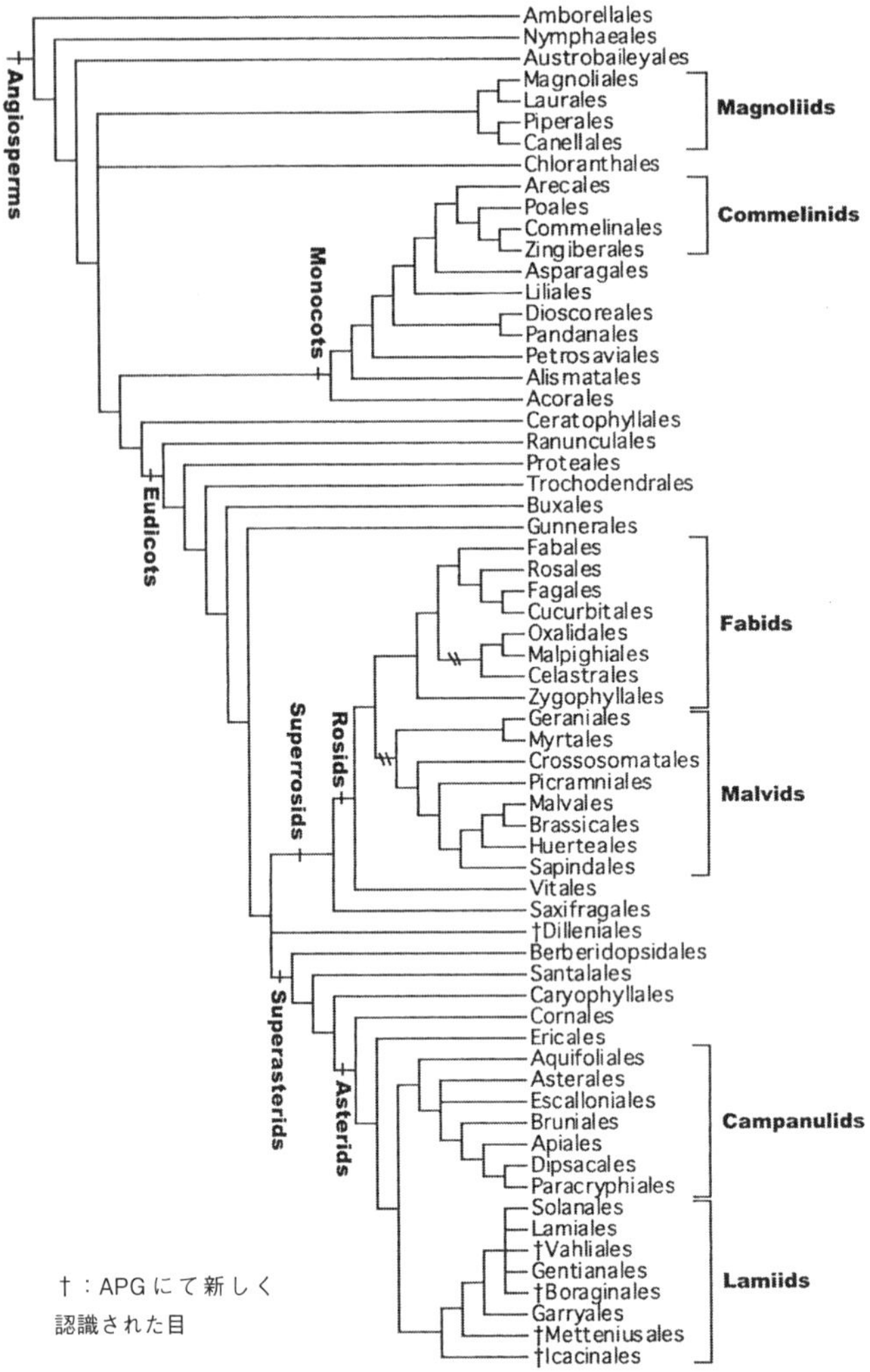

図 1·3　被子植物の分子系統
和名は次ページに記す　(APG IV, 2016)

Angiosperms	被子植物
Magnoliids	モクレン類
Commelinids	ツユクサ類
Monocots	単子葉類
Eudicots	真正双子葉類
Fabids	マメ類
Malvids	アオイ類
Superrosids	広義バラ類
Rosids	バラ類
Superasterids	広義キク類
Asterids	キク類
Campanulids	キキョウ類
Lamids	シソ類
Amborellales	アムボレラ目
Nymphaeales	スイレン目
Austrobaileyales	アウストロベイレヤ目
Magnoliales	モクレン目
Laurales	クスノキ目
Piperales	コショウ目
Canellales	カネラ目
Chloranthales	センリョウ目
Arecales	ヤシ目
Poales	イネ目
Commelinales	ツユクサ目
Zingiberales	ショウガ目
Asparagales	キジカクシ目
Liliales	ユリ目
Dioscoreales	ヤマノイモ目
Pandanales	タコノキ目
Petrosaviales	サクライソウ目
Alismatales	オモダカ目
Acorales	ショウブ目
Ceratophyllales	マツモ目
Ranunculales	キンポウゲ目
Proteales	ヤマモガシ目
Trochodendrales	ヤマグルマ目
Buxales	ツゲ目
Gunnerales	グンネラ目

Fabales	マメ目
Rosales	バラ目
Fagales	ブナ目
Cucurbitales	ウリ目
Oxalidales	カタバミ目
Malpighiales	キントラノオ目
Celastrales	ニシキギ目
Zygophyllales	ハマビシ目
Geraniales	フウロソウ目
Myrtales	フトモモ目
Crossosomatales	クロッソソマ目
Picramniales	ピクラムニア目
Malvales	アオイ目
Brassicales	アブラナ目
Huerteales	フエルテア目
Sapindales	ムクロジ目
Vitales	ブドウ目
Saxifragales	ユキノシタ目
Dilleniales	ビワモドキ目
Berberidopsidales	メギモドキ目
Santalales	ビャクダン目
Caryophyllales	ナデシコ目
Cornales	ミズキ目
Ericales	ツツジ目
Aquifoliales	モチノキ目
Asterales	キク目
Escalloniales	エスカロニア目
Bruniales	ブルニア目
Apiales	セリ目
Dipsacales	マツムシソウ目
Paracryphiales	パラクリフィア目
Solanales	ナス目
Lamiales	シソ目
Vahiales	バーリア目
Gentianales	リンドウ目
Boraginales	ムラサキ目
Garryales	ガリア目
Metteniusales	メッテニウサ目
Icacinales	クロタキカズラ目

をつなぎ合わせていくには、初期の系統上にあった被子植物の花を植物化石から具体的に明らかにして、被子植物の起源と初期進化を解明していくことが、確実な方法ということになります。

ところで、地球の長い歴史の中で、植物が初めて花を咲かせるようになったのは、いつ頃だったのでしょうか？　そして、それは、どんな花だったのでしょうか？　地球上に、どのようにして、いつ頃から、花々が咲き乱れるようになっていったのでしょうか？　実は、このテーマは、進化論で有名なダーウィンでさえ、「忌まわしき謎」と称していたほど、大変難しい問題だったのです。ダーウィンが生きていた時代は、中生代の地層から発見される植物化石は非常に少なく、花をつける被子植物は新生代になって突然出現したように考えられていましたので、これほど急に多様化していった被子植物の進化の問題は、ダーウィンにとっても、難問中の難問だったのでしょう。現在でも、被子植物の起源と進化の問題は、実にやっかいな問題であることには変わりはないのですが、最近になって、ダーウィンの時代の「忌まわしき謎」の問題を解くための糸口が少しずつ探り出されてきているようです。実際の古植物学の新しい研究の現場を紹介しながら、この問題を解き明かすために、どのような研究が進められているのかを紹介したいと思います。その前に、次章では、白亜紀という地質年代は、どのような地球環境であったのかを説明しておきましょう。

2章　白亜紀という年代

地球が誕生してから約46億年。地質年代は、先カンブリア時代（46億年前から5億4100万年前）、古生代（5億4100万年前から2億5190万年前）、中生代（2億5190万年前から6600万年前）および新生代（6600万年前から現代）に分けられています（図2・1　地質年代表　国際層序委員会2016年版）。私たちヒト（ホモ・サピエンス）は、約20万年前に出現したと言われています。

その中で、ペルム紀末の生物の大絶滅から白亜紀末の恐竜絶滅までの1億8590万年間の中生代は、三畳紀（2億5190万年前～2億1300万年前）、ジュラ紀（2億1300万年前～1億4500万年前）、白亜紀（1億4500万年前～6600万年前）の三つの区分の年代に分けられます。中生代と言えば、海には首長竜が泳ぎ回り、空には翼竜類が飛び回り、陸地には恐竜が歩き回っていた頃として知られています。

代	紀	年代／百万年前
新生代	第四紀	2.58
	第三紀	66.0
中生代	白亜紀	145.0
	ジュラ紀	201.3
	三畳紀	251.9
古生代	ペルム紀	298.9
	石炭紀	358.9
	デボン紀	419.2
	シルル紀	443.4
	オルドビス紀	485.4
	カンブリア紀	541.0
先カンブリア時代		4600.0

白亜紀	期	年代／百万年前
後期白亜紀	マーストリヒチアン期	72.1
	カンパニアン期	83.6
	サントニアン期	86.3
	コニアシアン期	89.8
	チューロニアン期	93.8
	セノマニアン期	100.5
前期白亜紀	アルビアン期	113.0
	アプチアン期	125.0
	バレミアン期	129.4
	オーテリビアン期	132.9
	バランギニアン期	139.8
	ベリアシアン期	145.0

図2·1　地質年代表
（国際層序委員会, 2016）

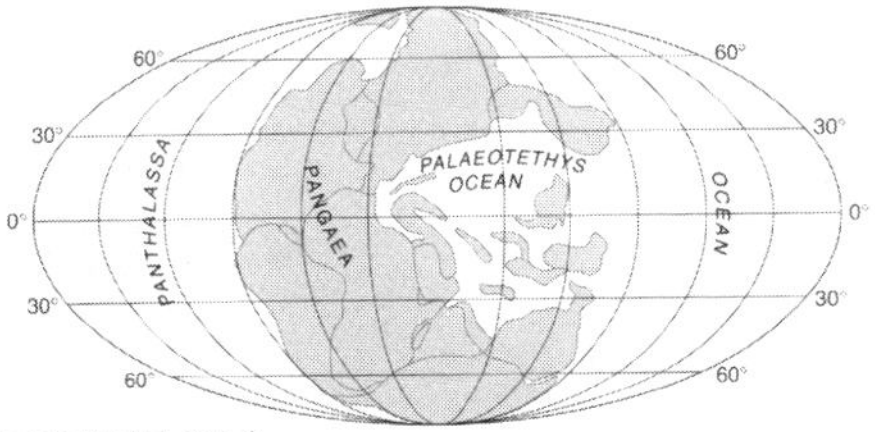

2億5千万年前（三畳紀）

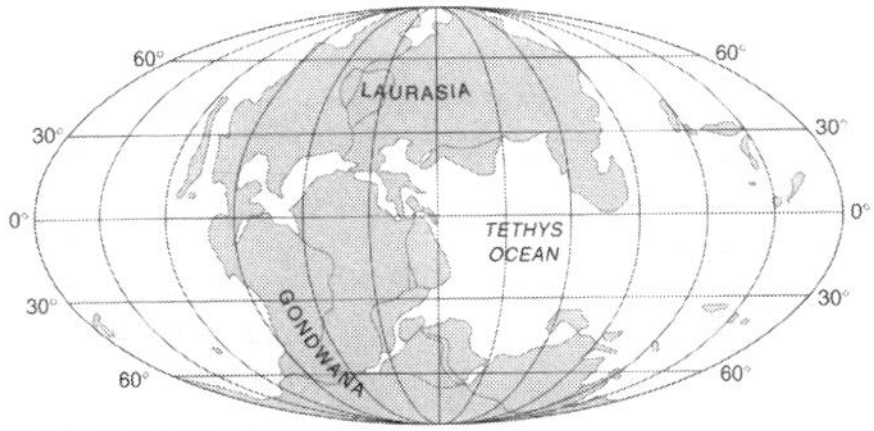

1億4千5百万年前（前期白亜紀）

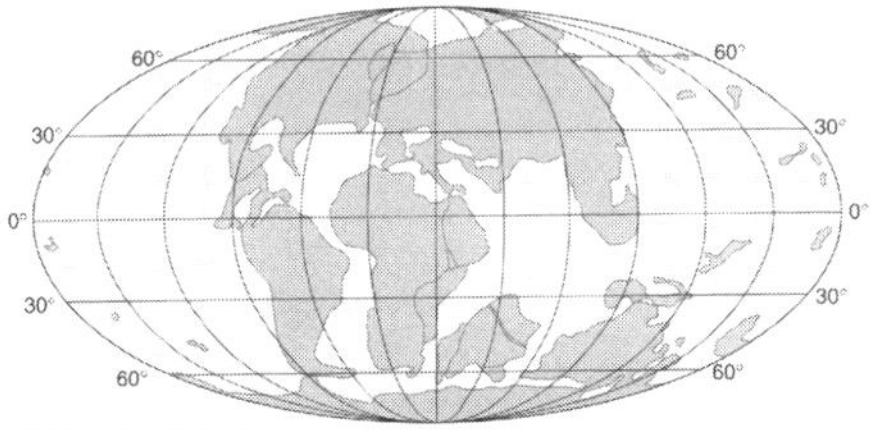

9千5百万年前（後期白亜紀）

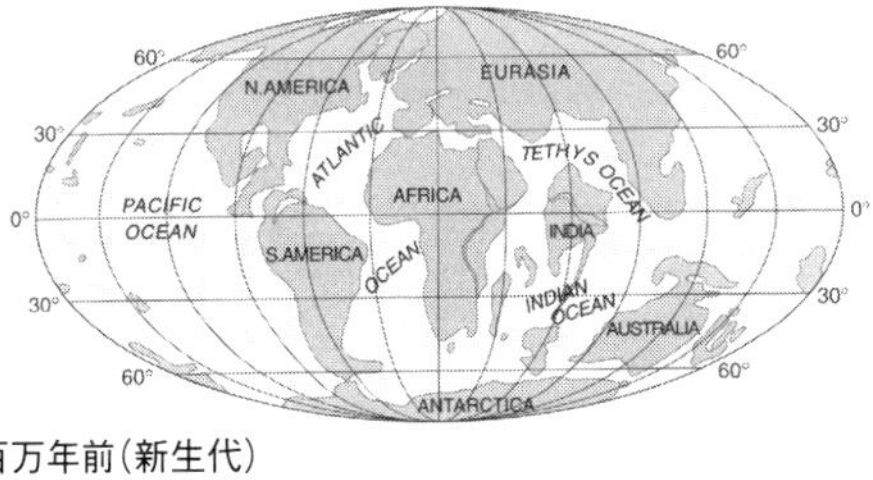

5千5百万年前（新生代）

図2·2　三畳紀〜新生代の地球大陸の変遷
(Skelton *et al.*, 2003)

中生代の大陸の様子は、現在の地球とは、かなり異なっていたようです。三畳紀には、地球上には超大陸パンゲアが広がっており、その内部は非常に乾燥していました。パンゲア大陸は、ジュラ紀にはいると南北の方向に分離をはじめ、北半球のユーラシア大陸と南半球のゴンドワナ大陸が形作られてきます。白亜紀は、前期と後期に分けられ、さらに、それぞれが、六つの地質年代（期）に分けられています（図2・1）。前期白亜紀には、ゴンドワナ大陸の南アメリカとアフリカが分離を始め、南大西洋が広がってきました。後期白亜紀になりますと、北アメリカ大陸とヨーロッパ大陸が分離し、白亜紀末には、現在の五大陸や南極大陸が認識できるようになってきました（図2・2）。白亜紀には、日本列島はまだ存在していなくて、日本列島が形づくられるようになったのは、新生代に入ってからの約1500万年前以降のことでした。このことからも、白亜紀という年代が、いかに古い時代であったかを理解できると思います。

1　どのようにして、地球の古環境を推定するのか？

地球の古環境変遷を推定するために、堆積している岩石の種類などの地質学的情報が使われます。たとえば、岩塩が大量に見つかる場所は、かつて塩分が含まれていた海や湖であった地域が、高温と乾燥化が進んだことによって干上がっていったと考えられます。動物や植物の化石のデータも利用されます。たとえば、マンモスの化石が発見されたということは、その地域が、寒冷な気候であったと推定できます。また、植物の葉の大きさや形状と葉縁の形態のデータから古環境を読み取ることができます。一般に、新生代では、大形の葉をつけている植物が多くみられる地域は、高温多湿地域であり、熱帯多雨林や常緑林のように太陽からの光が届きにくいところであったと推定できます。一方、小さい葉をつけている植物が多い地域は、冷涼で乾燥している環境であったと推定することができます。また、葉の縁には、ゴムノキの葉のように滑らかでギザギザ（鋸歯）のないタイプや、ケヤキの葉のようにギザギザがあるタイプがあります。ギザギザのないタイプの葉の植物は、温暖で乾燥した地域に生育する傾向があり、ギザギザのあるタイプの葉をもつ植物は、冷涼で湿潤な地域に生育する傾向があります。厚い葉であれば、常緑で乾燥した地域を意味しており、葉が薄ければ、落葉性で、半湿的な環境を意味しています。これらの葉のもつ特徴を指標として、古気候の推定に利用することができます。その他にも、葉の気孔の分布密度から、大気中の二酸化炭素の量を推定することもできます。材化石の年輪の有無によって、季節変動の状況を明らかにすることもできます。このように、化石のデータや岩石の種類を活用することで、地球の古環境や古気候を推定することができるようになっています。

2 白亜紀の地球環境

現在の地球は温暖化に向かっているといわれていますが、白亜紀の地球は、私たちの想像をはるかに超える高温の温室状態であったといわれています。白亜紀の地球では、海水準は現在よりも高く、現在のヨーロッパの中央部や北アメリカの中央部は海に覆われており、後期白亜紀の中で最も高温な年代の海水準は、現在よりは2百メートル以上も高かったと推定されています。

白亜紀の地球の気温は、現在の平均気温より10~15度も高く、熱帯地域が広く地球を覆っておりました。極地域には氷河はなく、南極にも豊富な植物が生育していたと推定されています。前期白亜紀の大気には、現在の8倍から10倍を超える二酸化炭素が含まれていましたが、後期白亜紀には少しずつ減少していって、白亜紀末期には現在の3倍位までになったと推定されています。一方、大気中の酸素は、前期白亜紀では22%であったのが、白亜紀末には25%までに増加していたと考えられています。白亜紀後半には、大型肉食恐竜のティラノサウルスが出現しており、地球全体に、熱帯~亜熱帯の気候帯が広がっており、高緯度地域にまでワニが生息していました。南半球に位置していたゴンドワナ大陸の中央部には、乾燥している地域が広がっていたと推定されています。最初の被子植物は、このような白亜紀の環境の中で、どの地域で、いつ、どのような花を咲かせていたのでしょうか?

3章　被子植物の祖先群

被子植物の祖先群とは、被子植物が出現する前の種子植物であり、被子植物に進化していく元になった植物群のことです。具体的には、どの種子植物が、被子植物の本当の祖先群なのかはわかっていませんが、陸上植物の中の種子をつける植物から、被子植物が進化していったと考えられています。初期の陸上植物が種子をつくるようになったのは、古生代のデボン紀頃と考えられています。ペルム紀以降、多様な種子植物が出現してきました。被子植物以外のすべての種子植物は、基本的に裸子植物ですので、メドローサ科やグロッソプテリス科などのように、現生のシダ類に似た葉に種子をつけている化石植物は「シダ種子植物」と呼ばれていますが、これらの化石植物も広義の意味では裸子植物に含まれます。現生の針葉樹やイチョウ、ソテツやグネツム類は、狭義の裸子植物となります。これまでに、現生の裸子植物の中の、どの分類群が被子植物に最も近い関係であるのかという議論が繰り返されてきました。中でも東南アジアなどに分布しているグネツム類が、被子植物と類似している形態的特徴をもっていますので、被子植物との関連が示唆されていましたが、分子系統的には、現生の裸子植物の単系統性が示唆されており、グネツム類を含む現生の裸子植物のいずれの分類群も、被子植物の直接の祖先群ではなさそうです。現在のところ、絶滅した裸子植物の中に、被子植物の祖先群があると考えられています。被子植物と絶滅した裸子植物および現生の裸子植物の関連性を模式的に表しているのが、図3・1です。被子植物群（クラウン群）と被子植物の祖先群である側系統群（ステムグループ）の関係が示さ

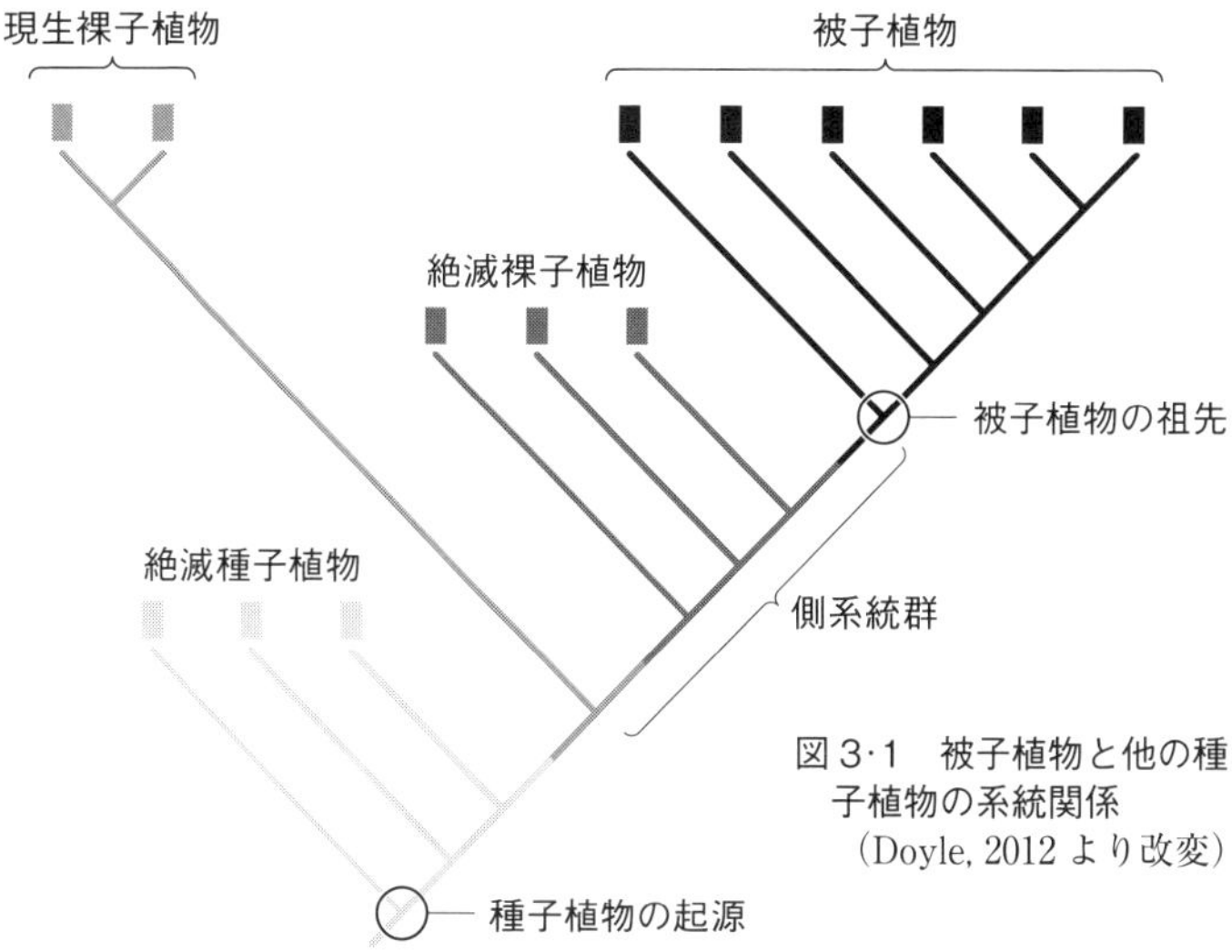

図3·1　被子植物と他の種子植物の系統関係
（Doyle, 2012より改変）

れています。絶滅した裸子植物の中には、一部の形質が被子植物と類似している特徴をもつ植物群もあり、被子植物の前の段階である「前被子植物」が含まれているのかも知れませんが、いまだに、被子植物の祖先群の具体的な姿が明らかにされていません。被子植物が地球上に出現する前の「花以前の進化段階」を明らかにすることは、被子植物の起源を探る上でも重要なことです。

それでは、現生の裸子植物や絶滅した化石分類群を含むいくつかの裸子植物を紹介してみましょう。被子植物を除く広義の裸子植物には、現生の裸子植物と、絶滅化石植物であるベネチテス類やペントキシロン、カイトニア、グロッソプテリス類などがあります。

1 現生の裸子植物

現生の裸子植物（種子植物）は、ソテツ類、イチョウ、針葉樹類、グネツム類の四つの分類群から構成されています。

ソテツは、公園などによく見かけますが、日本では、沖縄から鹿児島県南端にかけて自生しています。池野成一郎氏によって、ソテツから精子が発見されたことは有名な話です。一方では、ソテツは、有毒植物としても有名であり、間違って赤い種子を茹でて食べたりしますと激しい食中毒をおこし、場合によっては死にいたることもあります。かつては、ソテツの幹に含まれているデンプンが食用に利用されていたこともあり、有毒物質であるサイトカシンを抜くために大変な手間と日数が必要でした。当時の人々の中には極度の飢えをしのぐために、ソテツの毒抜きが不完全なままに食べざるを得なかったこともあったようで、ソテツを食べた多くの人が亡くなったという悲しい歴史も知られています。

ソテツ類は、前期ペルム紀に出現し、中生代に多様化して広がり、白亜紀に衰退していったと考えられています。現生のソテツ類は、南米などを中心に、約３００種があり、遺存種として残っています。

イチョウ類は、現生で残っているのは1種のみですが、イチョウ類は2億年前のジュラ紀に出現し、その後、高緯度地域にまで広がり、新第三紀までに広く生育していました。形態による分岐分類や分子系統的にも、イチョウは、針葉樹類に近縁であると考えられています。（イチョウに関する詳しい話題は、長田敏行氏やクレーン氏のイチョウに関する著書を参照）

現生の針葉樹類は、アカマツやスギ、ヒノキなどのように普通にみることのできる植物であり、世界には、52属550種もあり、現生の裸子植物では最も種類数が多いグループです。この中には、高さが110メートルにもおよぶ世界で最も高い木であるセコイアや、4800年もの最長寿の樹齢をもつブリッスルコーンパインがあります。針葉樹類は、後期石炭紀にすでに出現し、ペルム紀に広がり、中生代から新生代にかけての主要な植物であったことが知られています。

グネツム類は日本には生育していませんので、あまり馴染みは少ないかも知れませんが、南アフリカに分布している、「奇想天外」とも呼ばれている植物のサバクオモトや、グランドキャニオンや中央アジアの乾燥地帯に分布し、風邪薬の材料としても利用されることがあるマオウ属や、熱帯地域に分布しているグネツム属があります。グネツム類は、ペルム紀に出現し、三畳紀から白亜紀にかけて多様化していったことがわかっています。北アメリカ東部の東側のアプチアン期の地層から、現生のグネツム類と類似した生殖器官をつけている植物化石が発見されています。このグネツム類の化石は、狭卵形の2対の葉が十字対生についており、葉脈は被子植物と同じような網目状脈です。現生のグネツムの葉は、被子植物の葉の網目状脈に似ています。グネツム類は、維管束などの形態的な形質が、被子植物の形態と類似していることで、被子植物の起源との関連性が注目されてきましたが、いまのところ、グネツム類が被子植物の起源であるという確実な証拠は見つかっていません。

2　絶滅した裸子植物

これらの現生の裸子植物群の他に、多くの絶滅した種子植物群が化石植物として発見されてきました。最も古い種子植物の化石は、後期デボン紀から発見されており、古生代にかけて多様に進化してきました。これらの化石種の種子植物の中には、シダ種子植物と呼ばれているものもありました。もともと、シダ種子植物とは、分類群的にあいまいな植物群でしたので、この本の中では、化石種も含めて種子をつくる植物（被子植物を除く）を裸子植物として扱うことにいたします。

被子植物が出現する以前に、多くの絶滅した裸子植物が生育していたことを、植物化石の研究は示しています。これらの絶滅した裸子植物の中には、被子植物に類似した興味深い形態や構造をもっている植物も含まれています。次に、その中のいくつかの化石種の裸子植物をみてみましょう。

2・1　ベネチテス類

ベネチテス類は、ソテツのような葉をもつ絶滅した裸子植物で、三畳紀から、ジュラ紀、白亜紀と繁栄していましたが、すでに絶滅してしまった植物です。発見された当時は、ソテツの仲間だろうと考えられていましたが、種子の構造から、グネツム類の仲間と考えられるようになってきました。その理由は、胚珠の構造が類似していることと、珠孔が細長くのびていることなどです。ベネチテス類の生殖器官は、ちょっと見ますと、被子植物の「花」のような構造にも見えます。つまり、胚珠と雄しべを苞《ほう》が取り囲んでいるようにもみえます（図3・2）。しかし、ベネチテス類の生殖器官の基本的な構造には心皮がありませんの

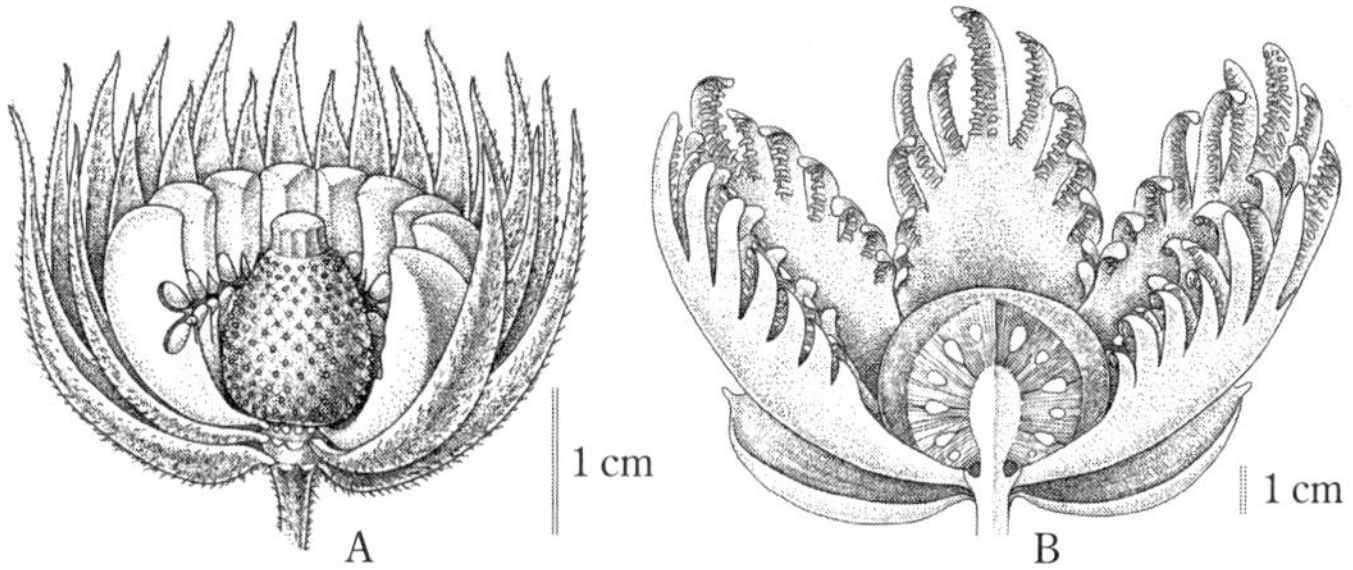

図3·2　ベネチテス類の生殖器官
A：イギリスのジュラ紀の地層から発見された植物化石、B：オーストラリアから発見されたベネチテス（Pott *et al.*, 2010; Friis *et al.*, 2006; Friis *et al.*, 2011）

で、被子植物の花とはまったく異なっています。種子をつくる雌の器官は、種子と種子間鱗片《りんぺん》が集合して塊状になります。これらの種子は、いずれも丸みを帯びており、横断面では、多少角ばっており、薄い膜上の珠皮とその周囲は1~2枚の包被(椀状体)によって包まれています。包被(椀状体)が、被子植物の胚珠の外珠皮に相当する器官と考えている人もいます。種子構造などの形態学的なデータに基づく分岐分類の結果は、被子植物がベネチテス類とグネツム類に近縁な群であることを示唆しています。

2・2 ペントキシロン類

ペントキシロン類は、オーストラリア、南極、インドやニュージーランドのジュラ紀や前期白亜紀の地層から発見される裸子植物です。胚珠は無柄の直生胚珠が集合して卵形状または少し伸びた状態の頭状構造になっており、ベネチテスでみられたような種子間鱗片はなく、単一珠皮と外珠皮らしき構造がみられます。雄性の生殖器官は、群生して、輪生またはラセン状に配列し、それぞれの先端に小胞子嚢をつけています。細長い葉には、主脈と側脈があります。花粉は、単溝型で気嚢は無く、花粉外膜には顆粒状の層が含まれていることがわかっています。形態的な特徴から、ベネチテス類に近縁であると考えられています(図3・3)。

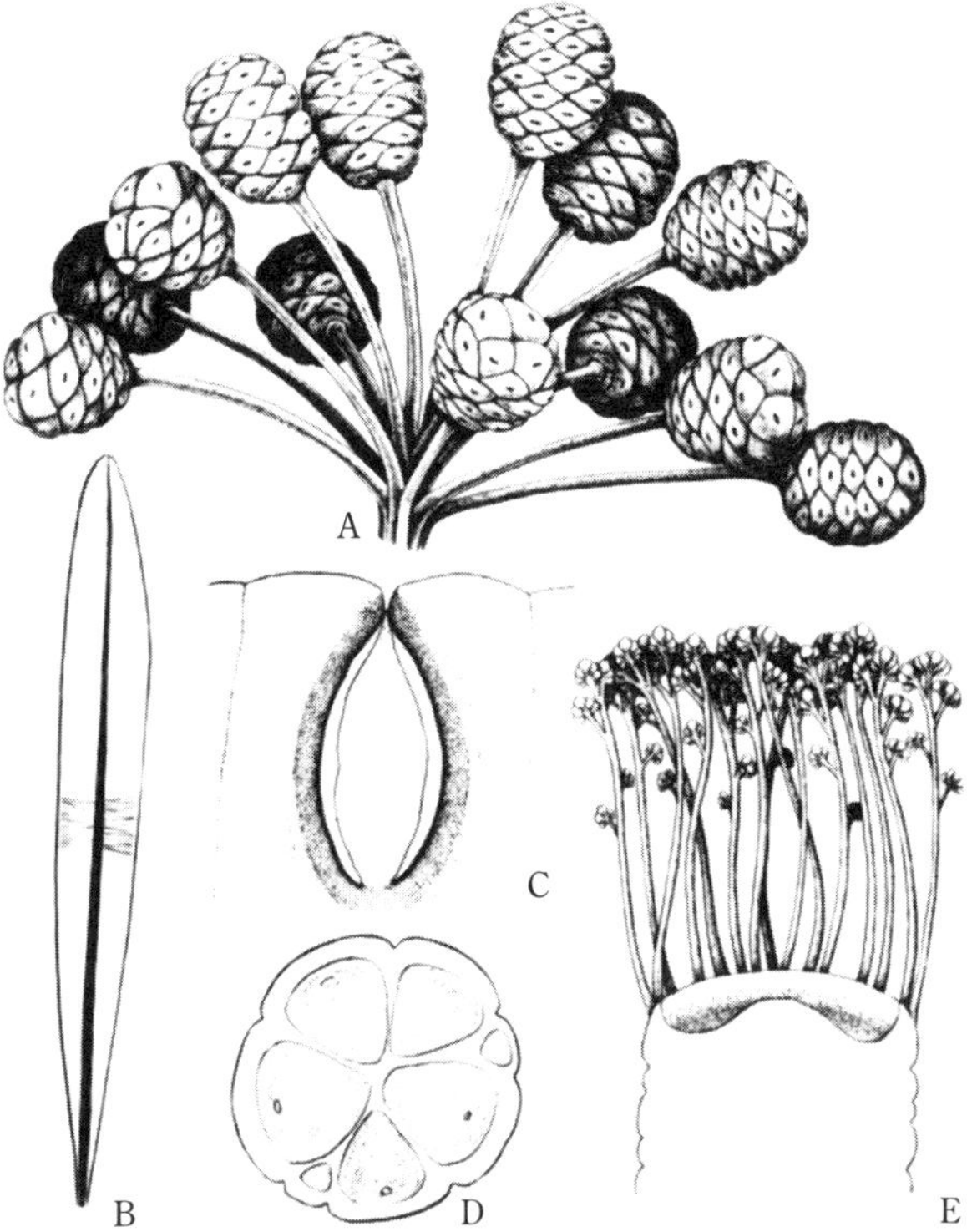

図3·3　ペントキシロン
A：生殖器官の全体像、B：胚珠の断面、C：胚珠の断面、D:茎の横断面、E:小胞子嚢　(Harris, 1962; Sahni, 1948; Vishnu-Mittre, 1953; Bose *et al.*, 1985, Crane, 1985)

2・3　コリストスペルマ類

コリストスペルマ類は、南アフリカ、タスマニア、オーストラリア、南極の三畳紀やジュラ紀の地層から、葉、小胞子葉と大胞子葉として発見された、木本性の絶滅した裸子植物の化石です(図3・4)。

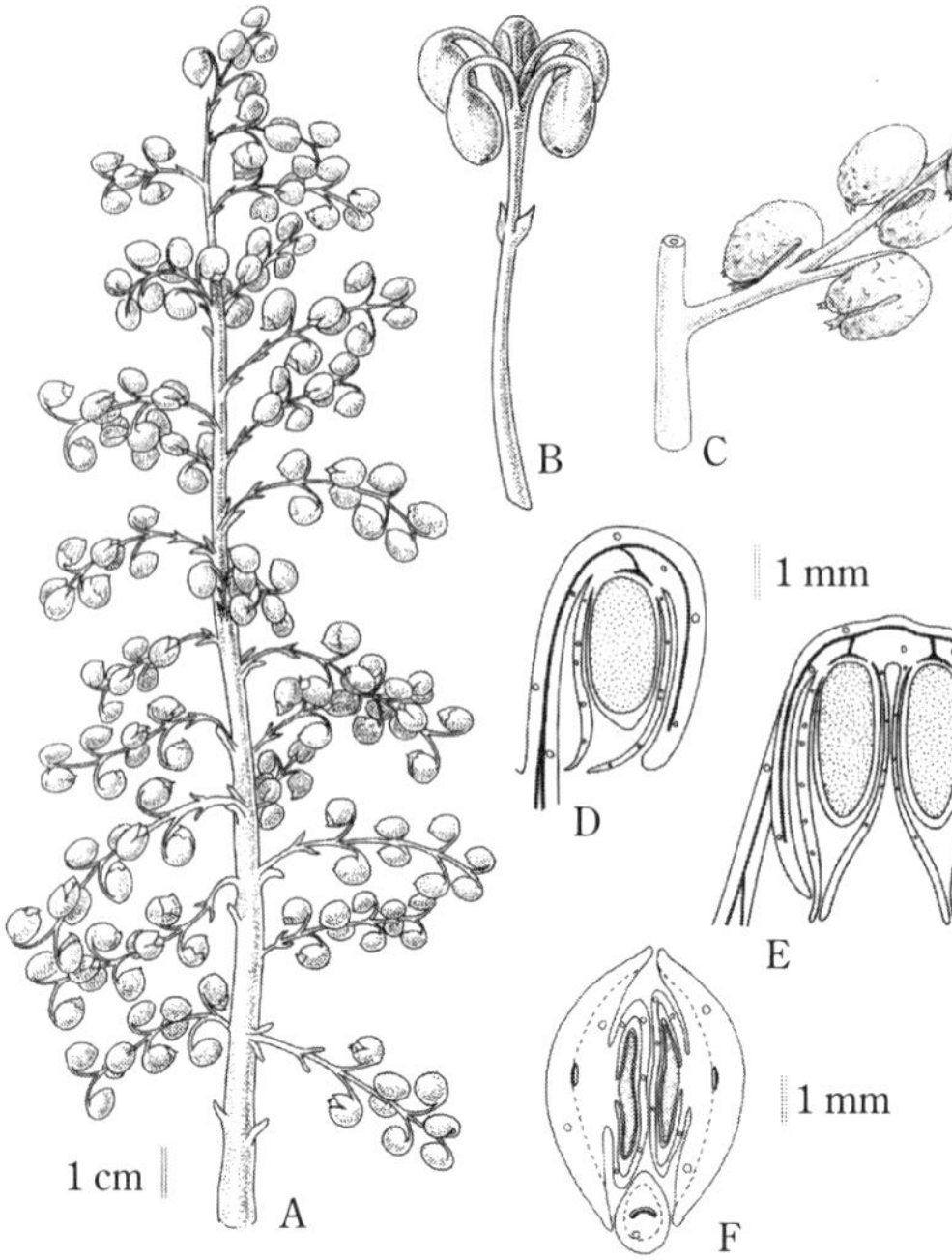

図3·4　コリストスペルマ類
A：全体像、B C：反転している胚珠、D-F：胚珠の断面 (Anderson and Anderson, 2003; Aximith *et al.*, 2000; Klavins *et al.*, 2002; Friis *et al.*, 2011)

葉は二叉の葉軸からなり、二回羽状複葉または一回羽状複葉です。コリストスペルマ類の生殖器官の構造については、多々議論が重ねられてきており、モンゴルの前期白亜紀の地層から発見されたウムコマシアの生殖器官では、椀状体が二裂片にわかれ、その中

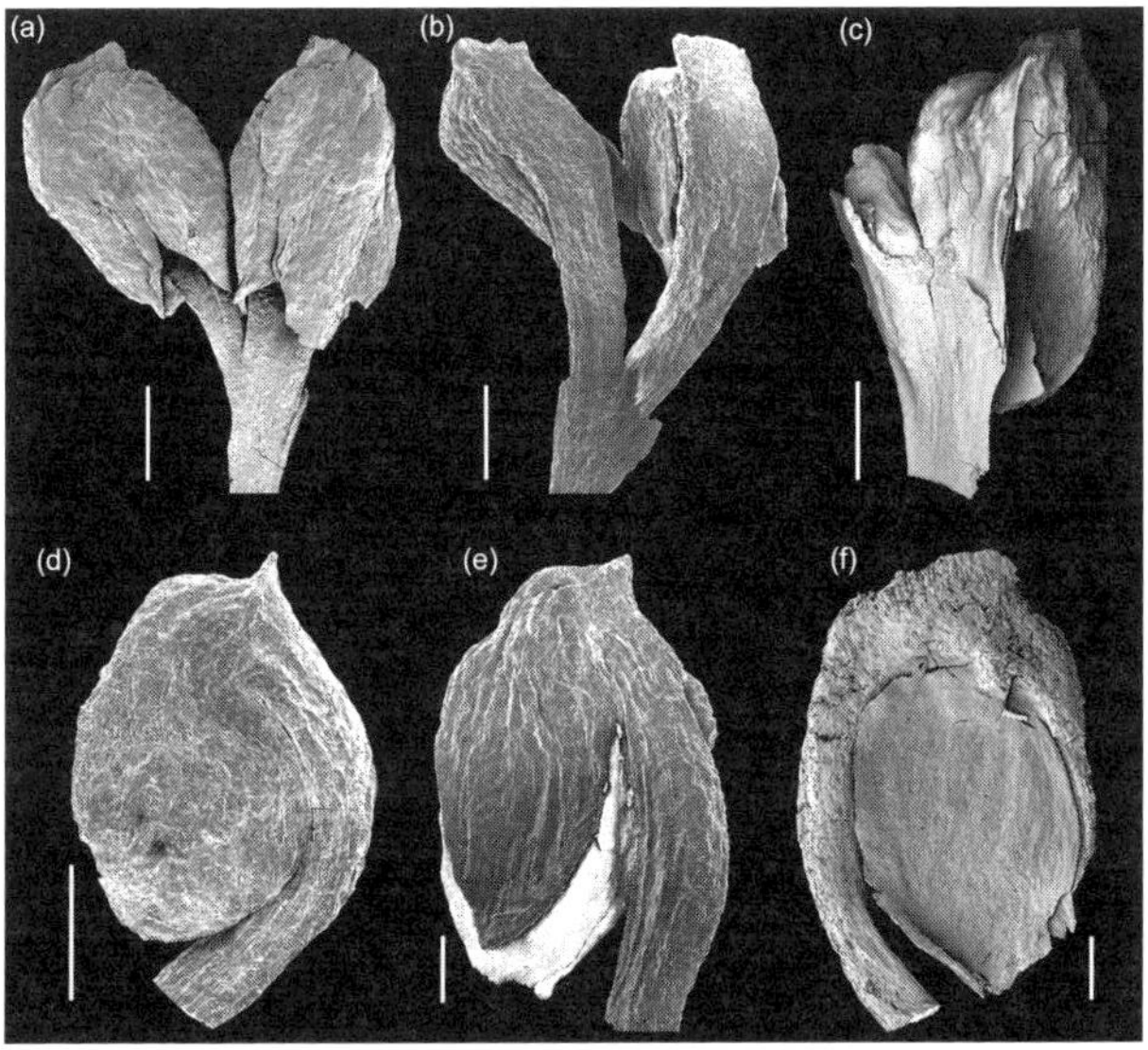

図3·5　モンゴルのゴビ砂漠の白亜紀の地層から発見されたコリストスペルマ類の新種化石 *Umkomasia mongolica*
a-d のスケールは 1mm、e-f のスケールは 500 μm （Shi *et al.*, 2016）

に胚珠が形成されます（図3・5）。これらの生殖器官は、羽状複葉が変わったものと解釈されていましたが、いくつかに胚珠が集合して軸の先端から反転して輪生している雌の生殖器官の化石が発見されたことで、羽状複葉から変わったものとする従来の解釈は再検討を迫られることになりました。

雄の生殖器官は、小葉軸と小羽片をつける葉軸からなり、羽片の背軸側に多数の花粉嚢をつけています。胚珠が反転してついていることなど、被子植物につながる特徴も持っていますが、花粉には二つの気嚢があり、この点では針葉樹類に類似しています。一つの椀状体に複数の胚珠がついていることなど、次のカイトニアとも類縁性があると考えられています。

2・4 カイトニア

カイトニアは、北半球の三畳紀〜白亜紀の地層から発見される葉や生殖器官をつけている木本性の植物化石です(図3・6)。4枚の細長い小葉が葉柄についています。

雌の生殖器官は、中軸に小さい嚢状の椀状体が羽状に側生しており、それぞれの椀状体

図3·6 カイトニア
A B:葉、C:雄の生殖器官、D:花粉、E:雌の生殖器官、F-H: 椀状体 (Harris, 1958; 1964; Thomas, 1925; Townrow, 1962; Reymanówna 1973; Crane, 1985)

には単一の珠皮があり、複数個の胚珠が含まれています。椀状体は、非対称形で反転しています。雄性器官は軸に側生しており、4個の花粉嚢からなる小胞子嚢に、二気嚢型花粉がつくられます。現在、カイトニアの椀状体は、受粉する位置などで被子植物的な果実とは異なっていることが明らかにされています。

2.5　グロッソプテリス類

グロッソプテリス類は、ペルム紀に南半球の高緯度地域に分布していた絶滅した裸子植物です（図3・7）。これまでに発見されているところは、南アメリカ、南アフリカ、南極、オーストラリアなどです。いわゆるゴンドワナ大陸に分布していた裸子植物です。グロッソプテリス類は、網目模様の葉脈をもつ舌状の葉的器官である苞をもっています。苞の向軸面の中肋から分岐した軸に多くの胚珠がついています。グロッソプテリス類の胚珠をつけている構造は複雑です。小羽片化しているものもあれば、分岐していないタイプもあります。中には、大きい苞と小さい苞によって挟まれているような構造をもつ種類もあります。胚珠をつけている構造は、葉的器官であるという見解と、軸的器官であるという二つの見解があります。

雄の生殖器官は、雌の生殖器官と類似しており、葉に類似した舌状の苞の中肋から分岐上に花粉嚢をつけています。対になった花粉嚢をもつ軸が包葉の中軸から広がっているようにみえます。

花粉は、裸子植物型の二気嚢型花粉であり、種子は扁平です。

グロッソプテリス類は特異な形態の生殖器官をもっていますので、これまでに多くの形態学的研究がなされてきていますが、その分類学的位置については、今なお不明な点が多い化石植物です。被子植物との関連性も示唆されていますが、確実とは言えません。グロッソプテリス類の保存性のよい化石が、さらに発見されることが期待されています。

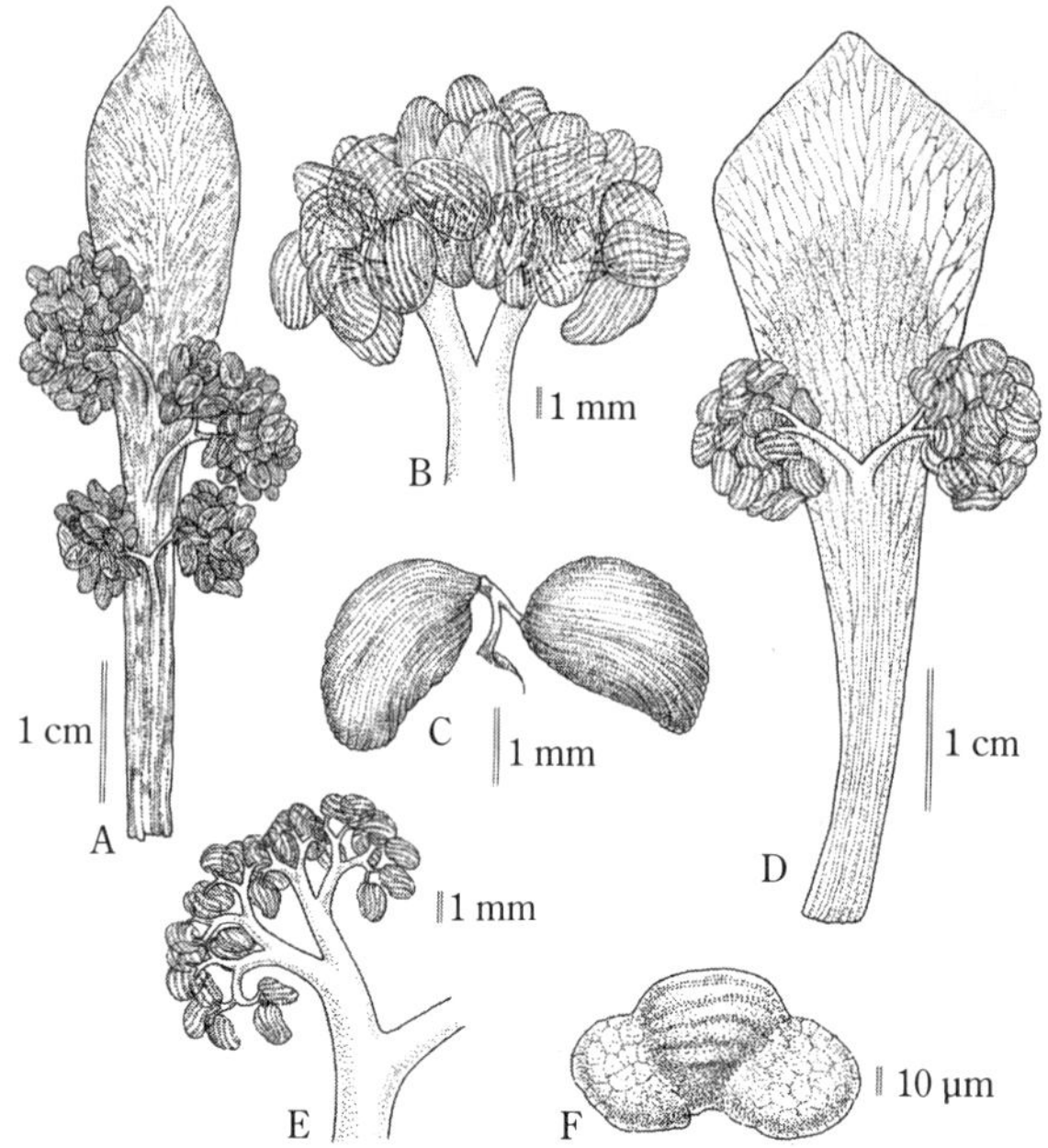

図3·7　グロッソプテリス類
A − E：雄の生殖器官、F：花粉　(Surange and Chandra, 1974a; 1974b; Friis *et al.*, 2011)

2・6　チェカノウスキア

チェカノウスキアは、ジュラ紀から白亜紀にかけて、北半球の高緯度地域から発見される植物化石であり、まだよくわかっていないところも多くあります（図3・8）。雌の生殖器官は、長い軸に二枚の弁開している椀状体からできており、それぞれの椀状体は数個の胚珠を含んでいます。雄の生殖器官は、まだ明らかにされていません。不明な点が多い化石植物ですが、被子植物との関連において注目されている化石植物の一つです。

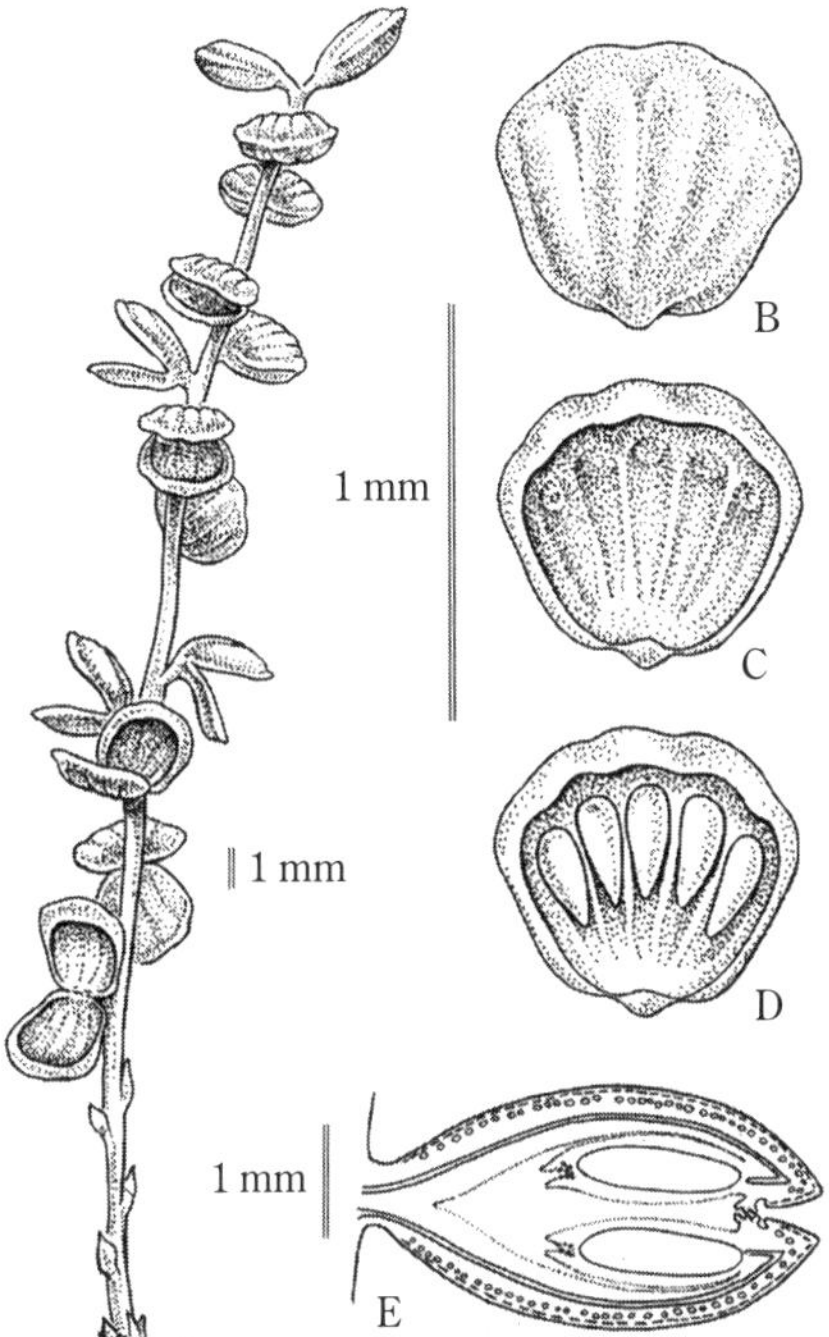

図3·8　チェカノウスキア
A：全体像、B-E：胚珠状の構造体
（Schweitzer, 1977; Harris *et al.*, 1974; Friis *et al.*, 2011）

3　被子植物以前の種子植物の系統関係

古典的な系統分類学では、ある特定の形質だけを取り上げて、植物の系統や進化の議論を進めることが行われてきました。その結果、それぞれの研究者によって、注目する形質が違っていましたので、被子植物の系統と進化について、多くの異なる見解が、際限なくでてきていました。

ヘニッヒ氏は、このような古典的な系統分類学的方法でなく、できるだけ、多くの形質を利用して、系統解析をする分岐分類学（クラディスティクス）を考案しました。クレーン氏は、化石種を含む種子植物の19の分類群の38の形態形質に基づいて、初めて、分岐分類学的手法を用いて、系統解析を試みました。その結果、現生のグネツム類と被子植物が最も近縁であり、これらの植物群は、さらに、化石種であるベネチテス類とペントキシロンと系統的に関連している群であることを示しました。

分岐分類学は、相同である形質の中から、共有派生形質によって、単系統群であることを示していきます。この分岐分類学的手法は、従来の古典的なやり方に比べて、より科学的なやり方です。本来、分岐分類学で得られる系統樹は同じになるはずです。ところが、分岐解析に使う形質の数や評価のやり方および設定される外群の違いや系統樹作成の手法によって、得られる系統樹に違いがでてくる場合があります。特に、形態的形質による分岐分類では、形質の相同性の評価

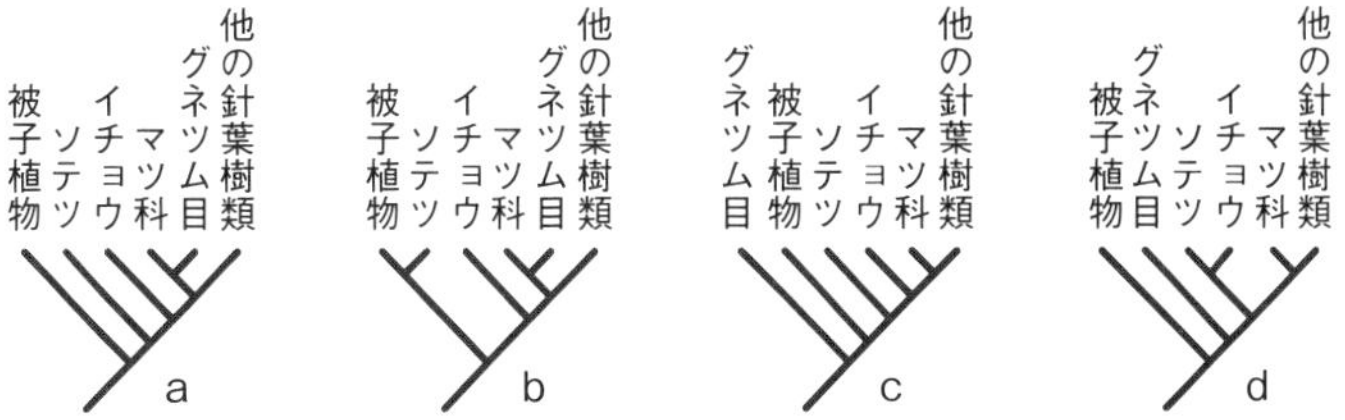

図3·9　被子植物と裸子植物の分岐分類の分析の仕方や遺伝子の選択によって、多様な結果がでてくる
（Doyle, 2012）

が難しいので、現生の植物では、遺伝子が使われるようになってきました。いわゆる分子系統という方法です。実際は、遺伝子の特定の塩基配列が使われるようになってきました。どの遺伝子を使っても、同じような系統樹が導きだせるはずなのですが、遺伝子の違いによって、系統樹が異なってくる場合があります。現生の裸子植物と被子植物の分子系統に関する多くの研究例がありますが、使われた遺伝子の種類や分析法の違いによって、図3・9で示しているように、導き出された系統樹はまちまちで、グネツム類と被子植物が近縁であるという結果や、ソテツ類と被子植物が近縁であることを示している系統樹もでてきています。また、現生の裸子植物と被子植物は、それぞれ別系統の単系統群であるという結果もでています。そのために、複数の遺伝子を組み合わせることによって、より信頼性の高い系統樹を作成するように研究が進められています。

現在のところ、中生代の化石植物から遺伝子をとりだすことはできませんので、被子植物以前の種子植物の形態的形質や系統解

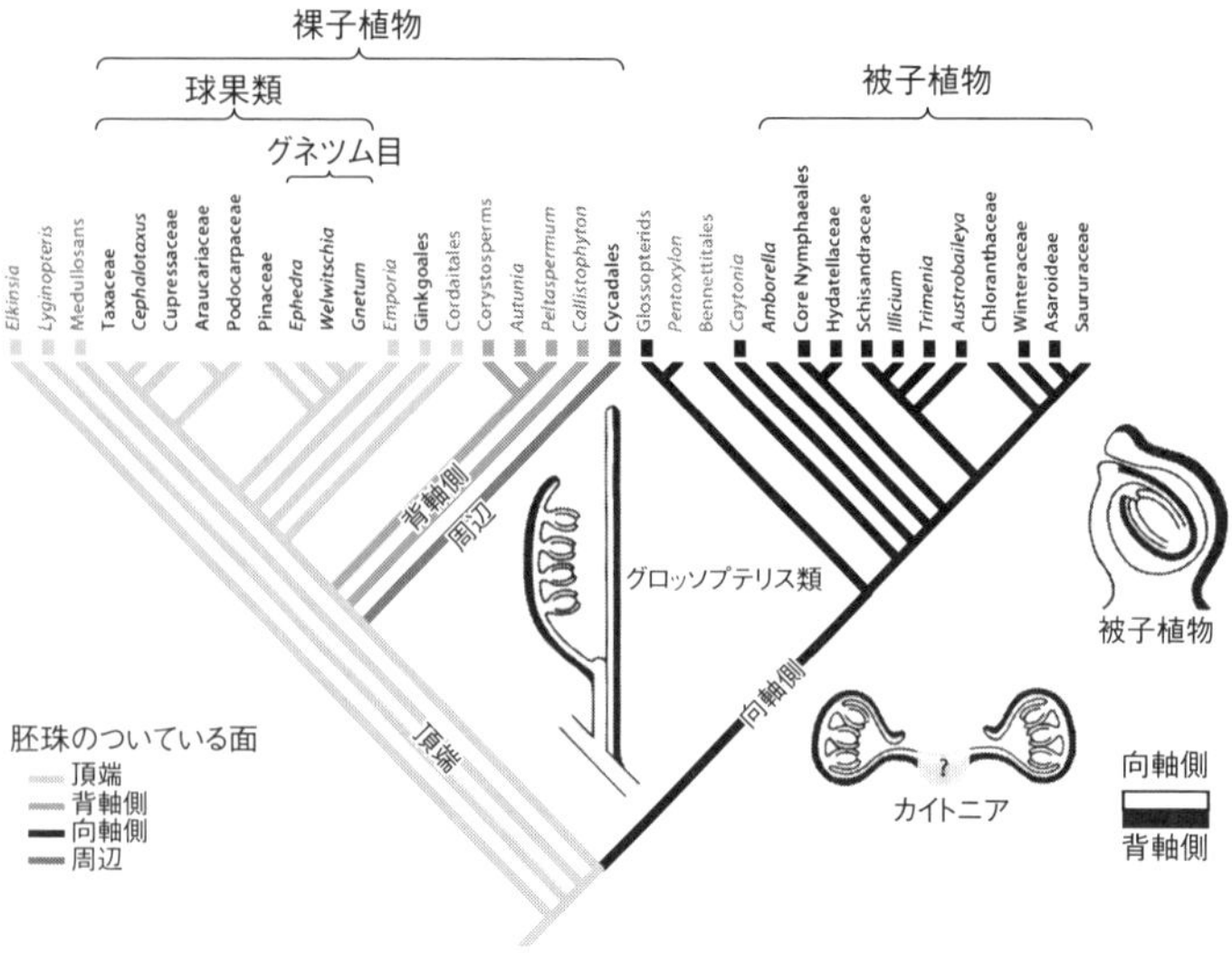

図3·10　形態的形質による分岐図と胚珠のつき方の特徴
植物名の淡い字は絶滅した化石種、太字は現生の植物を示す。
和名は次ページに記す。　(Doyle, 2012)

析法を変えることによって、いくつかの系統樹が構築されています。

その中の一つに、ドイルによって発表された系統樹があります。この系統樹では、被子植物は、絶滅したカイトニア類やベネチテスと近縁な関係となっています。この系統図に、胞子嚢（胚珠）の位置関係を重ね合わせますと、系統関係と強く関連していることがわかります（図3・10）。

現在のところ、被子植物以前の種子植物群の系統関係は、必ずしも明確にはなっていませんが、いずれにせよ、これらの絶滅した裸子植物群の中に、被子植物の祖先群であった植物が含まれている可能性があります。

Elkinsia	エルキンシア
Lyginopteris	リギノプテリス
Medullosans	メドゥロサ
Taxaceae	イチイ科
Cephalotaxus	イヌガヤ科
Cupressaceae	ヒノキ科
Araucariaceae	ナンヨウスギ科
Podocarpaceae	マキ科
Pinaceae	マツ科
Ephedra	マオウ
Welwitschia	サバクオモト
Gnetum	グネツム
Emporia	エムポリア
Ginkgoales	イチョウ目
Cordaitales	コルダイテス目
Corystesperms	コリストスペルマ類
Autunia	アウツニア
Peltaspermum	ペルタスペルマ
Callistophyton	カリストフィトン
Cycadales	ソテツ目
Glossopterids	グロッソプテリス類
Pentoxylon	ペントキシロン
Bennettitales	ベネチテス目
Caytonia	カイトニア
Amborella	アンボレラ
Core Nymphaeales	スイレン目
Hydatellaceae	ヒダテラ科
Schisandraceae	マツブサ科
Illicium	シキミ
Trimenia	トリメニア
Austrobaileya	アウストロベイレヤ
Chlorantaceae	センリョウ科
Winteraceae	シキミモドキ科
Asaroideae	カンアオイ亜科
Saururaceae	ドクダミ科

これらの裸子植物は、すでに絶滅していますが、胚珠が椀状体の中に包まれていることや、胚珠が反曲してついていることなど、被子植物に何らかの関連がある可能性が示唆されています。被子植物の直接の祖先群である裸子植物は一体どれなのか、あるいは、まだ発見されていない種子植物の中にあるのかも知れません。被子植物の祖先群が解明されるためには、もう少し年月をかけた研究が必要です。

4章　被子植物の分岐年代と起源地

被子植物は、いったい、どの年代に、最初の花を咲かせたのでしょうか？　この問題を解く手がかりとして、分子時計という方法があります。

分子時計は、分子系統に時間軸を入れて、任意のパラメーターを設定して分岐年代を推定する方法で、パラメーターの設定あるいは計算の仕方によって、異なる分岐年代が導きだされてきます。ある分子時計の研究では、被子植物の分岐年代は古生代の石炭紀である約3億年前と推定しました。この結果は、分子時計の解析のために、草本性植物の分子データを利用したので、かなり古い分岐年代が計算されてきたものと考えられています。別の研究では、被子植物の起源をジュラ紀（1億4500万年前～2億800万年前）という数字をだした人もいますし、他の研究者には、1億7500万年前～1億5800万年前と推定している人もいます。最近では、植物化石が発見された年代で補正することで、1億5300万年前と推定している人もいます。

このように、研究者によって、分子時計を利用した計算法やパラメーター、植物群の違いによって、推定された被子植物の分岐年代にも、いろいろと違いがでてきます。これらの被子植物の分岐年代は、古植物学的データからみますと、かなり古い年代が推定されているようです[注1]。

これまでに、まだ発見されていない植物化石があるかも知れないと言われれば、確かに、そう

注1　詳しくは、Beaulieu *et al.* (2015) を参照してください。

かも知れないのですが、分子時計が示唆した被子植物の古い分岐年代にも、多くの疑問が投げかけられています。では、実際に最初の被子植物が出現した年代は、いつ頃と考えるのが妥当なのでしょうか?

1　最古の被子植物の化石

被子植物の最古の花粉化石は、イスラエルの後期バランギニアン期〜前期オーテリビアン期（1億3200万年前）の地層から発見された15〜26ミクロンの大きさの無口型の花粉化石で、小さな網目模様があり、花粉外膜には柱状体が認められます。これらの被子植物の花粉化石は、全体で数千の裸子植物の花粉化石とシダ類の胞子化石の中から、わずかに0.2%以下の割合で発見されたものでした。これらの花粉化石のデータから、前期白亜紀の1億3200万年前の後期バランギニアン期〜前期オーテリビアン期には、すでに被子植物が存在していたと考えられています。

1986年に、ドリナンとチャンバーによって、オーストラリアのアプチアン期の地層から、植物の印象化石が発見されました。当初、この植物化石は、シダ類のデンジソウ科かも知れないということで発表されました。しかし、後になって、テイラーとヒッケイは、この植物化石は、センリョウ科の被子植物であるという別の解釈をしました。そのために、最古の被子植物の花化石は、オーストラリアの前期白亜紀（アプチアン期）から発見されたセンリョウ科であると考えられていました。この植物化石は、２枚の葉があり、葉の基部から、多くの小さい苞や小苞をもつ細長い花序をつけていると解釈されていますが、「花序」の構造自体は、きわめて不明瞭なもので、しかも、葉は、ドクダミ科、コショウ科、ウマノスズクサ科などにも似ているとも考えられています。この植物化石が必ずしもセンリョウ科植物の化石なのかは、まだ明確になっているのではありません、最近では、さらに、古い地質年代から、被子植物の化石が発見されるようになってきました。

これまでに、ジュラ紀や三畳紀の地層から、被子植物の化石が発見されたとする研究がいくつか発表されています。白亜紀よりも古い年代からの被子植物の化石を発見したというこれらの研究内容を検証してみましょう。

たとえば、１９８９年に、米国のコルネット氏は、ジュラ紀の地層から、被子植物の花粉化石を発見したと発表しました。ところが、その後、電子顕微鏡による研究で、残念ながら、コルネット氏によるジュラ紀の花粉化石は、被子植物ではなかったことが明らかにされています。コルネット氏は、さらに、テキサスの三畳紀の地層から被子植物であるサンミゲリアという花化石を発見したと報告してきました。この研究も、残念ながら、花化石とするサンミゲリアの化石データは非常に不明瞭であり、被子植物というよりはイチョウ類に近いものでした。コルネット氏のこれらの研究は、いずれも説得力に欠けているものでしたので、最近では、古植物学の研究者の中にも、コルネット氏の研究に注目する人はいなくなりました。

2013年には、スイスのホチュリ氏らによって、スイス北部の三畳紀の地層から、被子植物の花粉の特徴をもつ花粉化石が発見されたという研究が発表されました。この花粉化石は、網目模様をもつ単溝型花粉ですが、花粉外膜の構造が異なっており、被子植物の花粉であるという確証がありません。

1998年に中国の孫氏らによって、中国遼寧省《りょうねいしょう》のジュラ紀の1億4500万年前の地層から、最古の被子植物の化石であるアーキフラクタス（英語読み）（日本では、アルカエフラクタスと呼ばれている例が多いです。）を発見したとする論文がサイエンス誌に発表され、世界中の新聞やテレビが大きく報道したことがありました。この中国の地層からは、多くの羽毛恐竜が発見されていることでも有名です。アーキフラクタスは、1億4500万年前の世界最古の被子植物であり、莢《さや》のような構造物の印影が堆積岩に押し付けられている印象化石（印象化石については、5章で説明します）で、莢の中に、種子が入っているのが確認できたと発表されました（図4・1）。ところが、後になって、アーキフラクタスが発見された地層は、ジュラ紀ではなく、前期白亜紀の1億2500万年前のアプチアン期の地層であったことが明らかにされました。アプチアン期の1億2500万年前という年代は、花粉化石を除けば、被子植物の化石としては、かなり古いものです。アーキフラクタスは、水生の植物であり、その分類学的位置について議論が重ねられてきています。すべての被子植物の起源に近い植物ではないかと考えている人もいますし、スイ

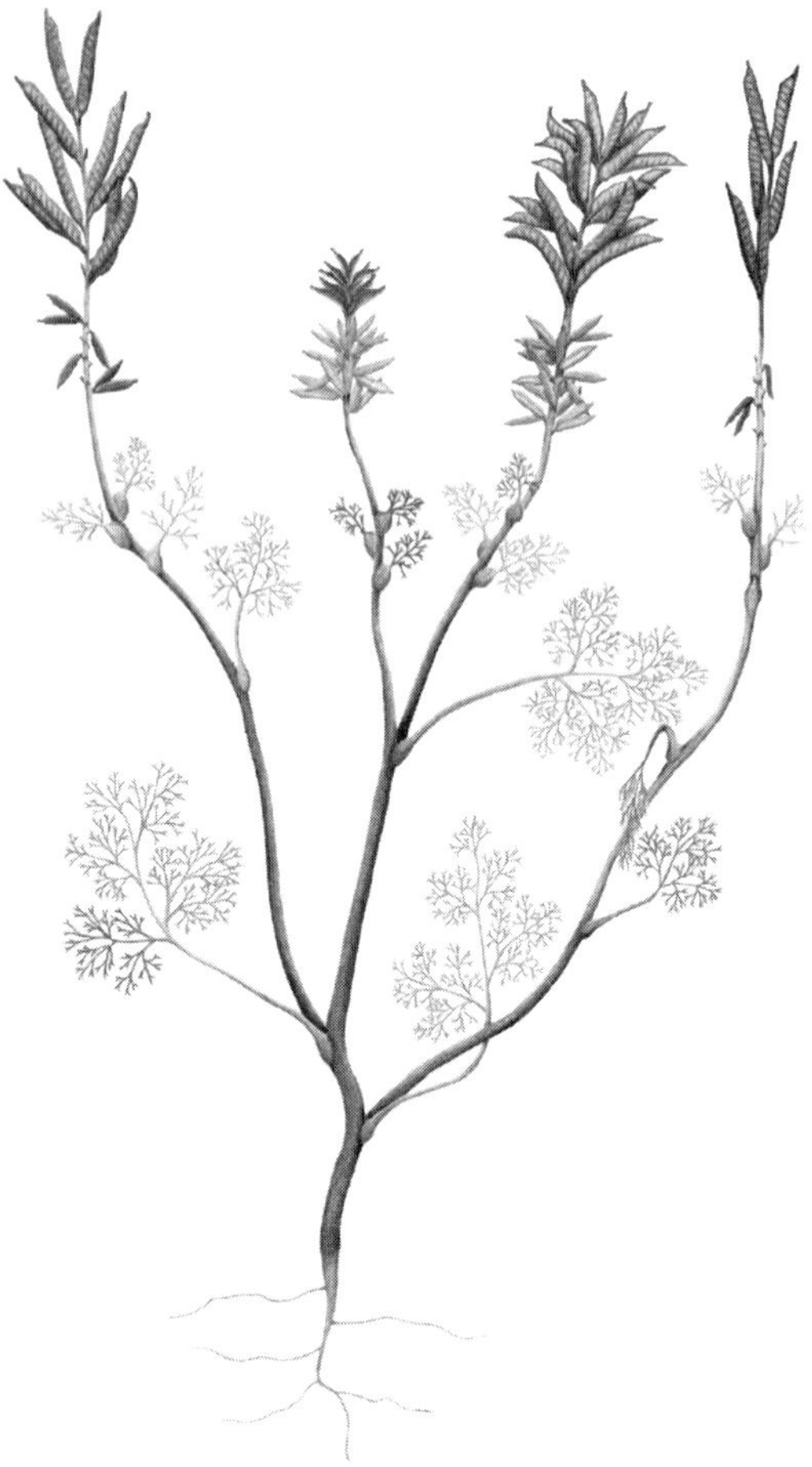

図4·1　アーキフラクタス(＝アルカエフラクタス)
中国遼寧省の1億2500万年前の地層から発見された水生の植物化石　(Sun *et al.*, 2002)

レン目に関係していると考えている人もいます。アーキフラクタスの分類学的位置がはっきりするのは、もう少し先になるかも知れません。

２０１６年に、中国の劉《りゅう》氏らによって、遼寧省の１億６０００万年前のジュラ紀の地層から完全な花化石が発見されたとして、ユウアンタス（真の花という意味）という新学名をつけたという研究が発表されました。この花化石は、ガク片と花弁と雄しべと雌しべからなる５数性の花化石で、雌しべは細毛に被われており、１室性で、単一の珠皮をもつ胚珠を含んでいると述べられていますが、この研究は、残念ながら、保存性の良くない印象化石のデータに基づいており、花の構造も明確でなく、花弁やガク片と解釈された構造体は、むしろ、裸子植物の球果の鱗片葉に類似しているものであり、ユウアンタスが被子植物の花の化石であるという確証は得られていません。

このように、これまでに、白亜紀より古いジュラ紀や三畳紀から、被子植物の花粉化石や花化石が発見されたとするいくつかの研究例がありますが、いずれも、不明瞭なデータに基づいており、信頼性のある研究とは見なされていません。[注2]

そんな中で、スウェーデンのフリース氏らによって、ポルトガルの前期白亜紀の地層から、被

注2　詳しくは、Herendeen *et al.* (2017) を参照してください。

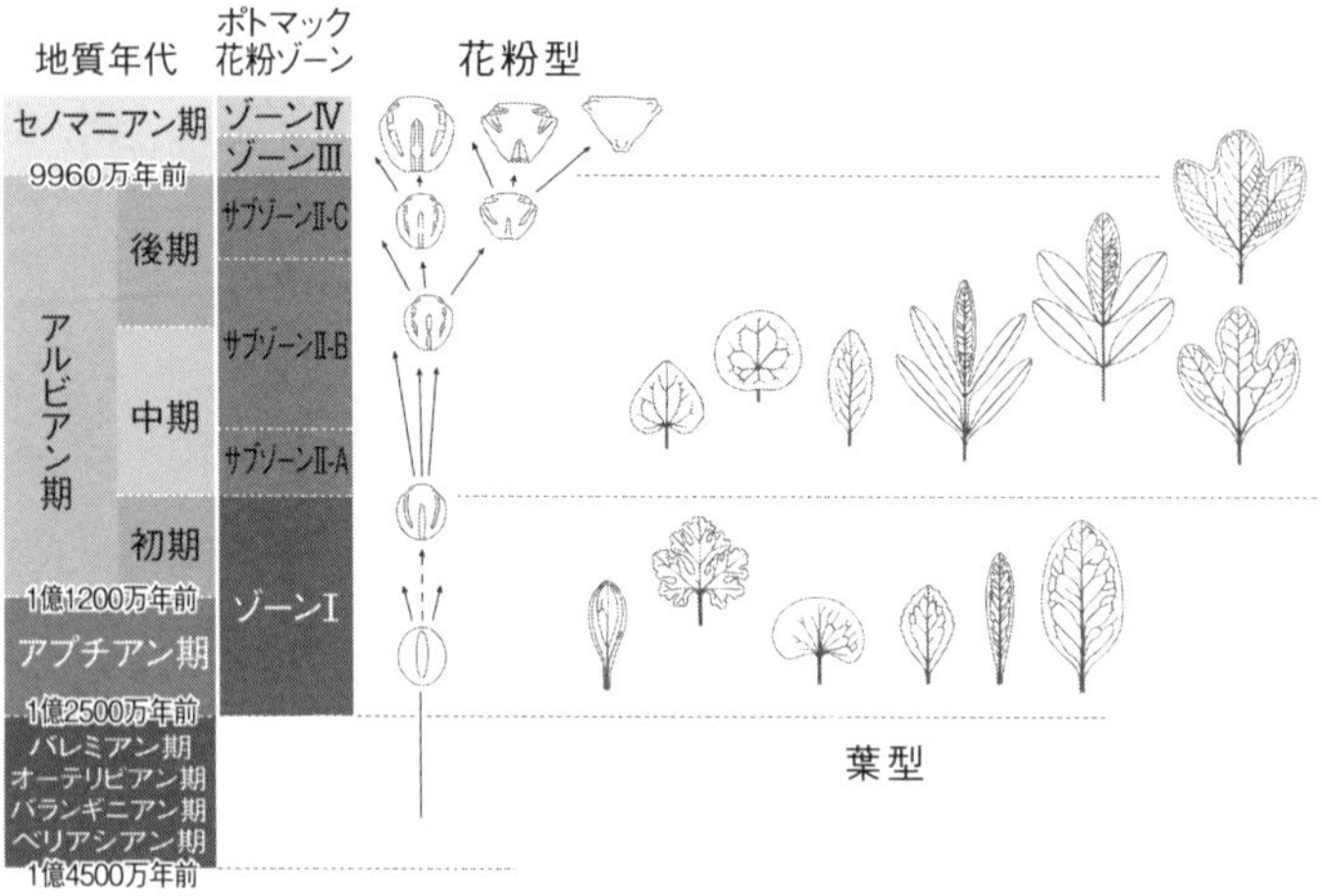

図 4·2　ポトマック植物化石群
1 億 2500 万年前以降の花粉化石と葉の化石の出現状況。花粉は、単溝型から三溝型、三溝孔型や三孔型花粉が進化してきている。葉も単葉が出現し、アルビアン期には複葉も出現したことが示されている　(Doyle, 2012)

子植物の花化石を含む多くの保存性の良い小型化石が発見されています。当初、これらの花化石が発見された地層は、前期白亜紀のバランギニアン期～アプチアン期とされていましたが、それより新しい地質年代であるアルビアン期の地層である可能性もあります。

北アメリカ東部の前期白亜紀のアプチアン期～アルビアン期の地層から、ポトマック植物化石群と呼ばれる被子植物の葉の化石や花粉化石が発見されています。ドイル氏は、この地層での被子植物の葉と花粉の年代に伴う出現状況を図4・2のようにまとめています。アプチアン期には単溝型であった花粉化石が、アルビアン期にかけて、多様化していったプロセスがわかります。同様に、葉も単葉から複葉に進化していく傾向がみつかっています。

これまで発見された植物化石や花粉化石のデータや多様化していくプロセスを考慮しますと、被子植物が地球上に最初に現れたのは、最初の被子植物の花粉化石が発見された1億3200万年前より数百万年前の、前期白亜紀のバランギニアン期の約1億3500万年前と考えられます。

2　被子植物の起源地

被子植物以前の種子植物であるベネチテス類やペントキシロンなどが、南半球のゴンドワナ大陸に生育していたこともあって、被子植物の起源地は、ゴンドワナ大陸と考えている人がいます。アクセルロッド氏もその一人で、ゴンドワナ大陸の熱帯湿潤高地が起源であるとする「熱帯高地起源説」を提唱しています。この説によれば、被子植物は、ペルム紀〜三畳紀のゴンドワナ大陸の熱帯湿潤高地で起源し、白亜紀になってゴンドワナ大陸の低地に降りてきたと考えているようです。ところが、ゴンドワナ大陸の高地が、ペルム紀や三畳紀に湿潤な地域であったという地質学的なデータはなく、被子植物がゴンドワナ大陸の熱帯高地で起源したという説を支持する植物化石も発見されていません。

被子植物が地上で最初の花を咲かせたのは、はたして、どこであったのでしょうか？　白亜紀の花粉化石の出現状況から、被子植物は、前期白亜紀の低緯度〜中緯度地域で分化し、後期白亜紀にかけて高緯度地域にも広がったことが明らかにされています。これまでに発見されている前期白亜紀の花化石が出現する地域は、現在のポルトガルからイスラエルにかけての低緯度〜中緯度地域となっています。これらの地域は、前期白亜紀にテーチス海が広がっており、その周辺に湿潤な熱帯多雨林があったと考えられています。気候的にも湿潤であったこれらの地域は、被子植物の初期系統群にとって生育しやすい環境であった可能性があります。将来的に、白亜紀のテーチス海周辺の地層から、さらに古い被子植物の初期進化群の植物化石を探すことによって、新たな研究が展開されていくことが期待されています。

5章　植物の小型化石とは何か?

従来、植物化石として有名なのは、生きている化石として知られているメタセコイアです。現在では、メタセコイアは公園や街路樹として、よく見かける樹木です。このメタセコイアの化石は、1941年に、三木 茂氏によって、和歌山県や岐阜県の粘土層から発見されました。日本では新第三紀の鮮新世から第四紀の更新世初めにかけて生育していた、スギ科の植物遺体化石です。ところが、1949年になって、植物遺体化石として発表されたメタセコイアが、実は中国で生きていることがわかり、大きな話題になりました。

三木氏は、第三紀から第四紀（100万年前~500万年前）にかけての粘土層に含まれる植物遺体化石の研究によって、日本に生育していた植物相の変遷を明らかにしようとしました。三木氏の研究によって発見された植物化石は、針葉樹の松かさやオオバタグルミのように硬い殻が残っていたものでした。三木氏の長年の研究にもかかわらず、被子植物の花化石が発見されることはありませんでした。1970年代までの植物化石の研究は、主に葉や花粉の化石を中心としたもので、地味で目立たない分野と考えられてきました。

白亜紀の地球上に出現した被子植物は、どのような花を咲かせていたのでしょうか？　被子植物の花の咲いている様子からみても、「花の命は短くて」と言われるように、花が咲いている期間はほんの数日間であり、受粉をすれば、すぐに花弁を落として、果実をつくり始めます。被子植物の花には硬い組織がありませんので、花の咲いているままに化石となって残っていることは少なく、恐竜が生きていた白亜紀に被子植物がどんな花を咲かせていたかを明らかにすることは、そう簡単なことではなさそうです。現生の被子植物の花粉形態の研究を進めていた筆者は、白亜紀の花粉化石や植物化石に研究分野を広げていくことを考えていました。

その頃に、白亜紀の被子植物の初期進化の研究の扉を開いたのは、クレーン氏（エール大学）とフリース氏（スウェーデン自然史博物館）でした。彼らは、スウェーデン南部や北アメリカ東部の白亜紀の柔らかい地層の中に点在的に小さく黒っぽいものが含まれていることに注目して、その堆積岩をフィルターで洗い流すという方法で、被子植物の立体的な構造が残っている果実や種子とともに、花の化石の研究を始めていました。それまで地味で目立たない研究分野と思われてきた植物化石の画期的な研究が始まっていたのです。研究テーマは、難しければ難しいほど、人を惹きつけるものです。それだけに、研究者としては、冷静さと慎重さを求められることになります。

1　白亜紀の小型化石の堆積条件

葉の化石は、最も普通にみられる植物化石で、ハンマーで剥離面にそって叩き割り、露出した剥離面に葉が押し付けられた痕となって残っている部分を探します。このような化石を印象化石と呼んでいます。花の化石が、印象化石として見つかることは非常にまれにありますが、大変珍しいことです。印象化石となった花は岩石に押し付けられていますので、花の構造を明らかにすることは大変難しいことです。

花は、咲いている状態では、水分を含んで立体的に広がっておりますが、結実落花すれば、花はすぐに枯れて腐敗分解されて、化石としては残りません。植物由来の化石に石炭がありますが、石炭は、植物体が長い年月にわたり、高圧条件下で堆積されたものです。石炭化した化石には、植物の組織が、生きていた状態のままの形で残っていることはほとんどありません。したがって被子植物の花が咲いている状態が、化石になって残ることは、常識的に考えてみても、ありえないことです。

ところが、長い地質年代の年月の中には、山火事によって燃えた植物体の一部が炭化して残ることがまれにあります。山火事で、被子植物の花が咲いているままに炭化して残ることは、そう頻繁に起こることではありませんが、炭化した状態になった植物体は、水の中でも分解しにくくなります。このように炭化したタイプの植物化石は、わずかに0.5～2.0ミリ位の小さいサイズであり、「小型化石」（ミソフォッシル）と呼ばれています。

これらの被子植物の花や果実の小型化石は、白亜紀に粘土やシルトとともに河川に流され、氾《はん》濫《らん》原《げん》などの流れがゆるやかになったところに堆積したものと考えられています。大きい石からできている礫層《れきそう》では、硬い石の間に挟まれて、小型化石は潰されてしまいます。さらに、小型化石が残るには、地殻変動による褶曲《しゅうきょく》や火山活動などの影響を受けないで保存されることが必要です。白亜紀と言えば、1億4500万年前から6600万年前であり、その地層は、たいていは褶曲や高圧の影響があるもので、小型化石の研究に対応できる非固結性の堆積層は、そう簡単に見つかるものではありません。しかも、1億年も前に起きた山火事で焼け残った炭化物から、良好に形態が残っている花や果実の化石を探すのですから、並大抵ではないと理解するのはそう難しくはないでしょう。「小型化石」は、偶然の事象が幾重にも重なって、たまたま、柔らかい非固結性の堆積岩の中に残ったものなのです。

小型化石の研究に適している非固結性の白亜紀の地層を探すための特別の方法はありません。ひたすら、白亜紀の地層がある地域を足で歩きまわって、その堆積岩を片端から叩き割って、堆積岩の硬さと構成状態を調べて、中に小さな炭化物が含まれているかを確認するしかありません。これまでに、白亜紀の小型化石が見つかっている地層は世界でも数か所だけであり、北アメリカ東部、西ポルトガル、スウェーデンなどの北半球に限られていました。筆者は、北海道の函淵層群、岩手県の久慈層群、福島県の双葉層群、福井県の手取層群、紀伊半島から四国にかけての領石層群などを調査しましたが、たいていは、堆積後の高圧のため非常に硬く固結していたり、あるいは炭酸カルシウムが沈着している海成層であったり、激しい褶曲の力が加わっていたりして、ほとんどの地層は、小型化石の研究には適していないものでした。

ところが、福島県の双葉層群から採取したいくつかの堆積岩の中に細かい炭化物を含んでいるものがあったので、もしかしたらと思って、乾燥させた堆積岩を水の中にしばらく入れておいたところ、見かけは硬そうな堆積岩が、水の中でしだいに溶解していき、泥の状態になりました。日本で初めて植物小型化石の研究ができるかも知れないと思った瞬間でした。

野外調査は、モンゴルのゴビ砂漠や、タイやマレーシアの熱帯多雨林の中の地層にも及びました。モンゴルでは、ゴビ砂漠で強烈な風でテントが吹き飛ばされたこともあり、マレーシアでは、大きなキングコブラに出くわしたこともありました。そんな中で、柔らかい堆積層に炭化した小型化石が含んでいる白亜紀の地層を見つけたのは、福島県広野町からいわき市にかけて分布している双葉層群と、モンゴルのゴビ砂漠の北側に位置しているテブシンゴビの白亜紀の地層でした。

2　白亜紀の堆積岩の試料採取と観察法

植物の小型化石を含んでいる可能性のある地層が見つかれば、これで、研究は完了というわけにはいきません。実はこれからが大変なのです。いくつかの柔らかな層順があります。それぞれの層順から、一か所につき、約十キログラム以上の岩石をサンプリングします。堆積岩に含まれている小型化石を壊さないようにするために、できるだけ大きめの塊の状態で堆積岩を掘りだします。サンプルの堆積岩を、厚めのビニール袋にいれ、壊さないように注意しながら研究室に運び込みます。堆積時のわずかの水流や堆積の仕方によって、小型化石の摩耗状態が異なってきます。良好な状態の小型化石が含まれているかは、実際に、岩石を溶かして、炭化物を取り出して、実体顕微鏡で確認した後でないとわかりません。そのために、実際にどのような状態の小型化石が入っているのかがわからないままに、堆積岩をサンプリングしていくので、かなりの採取量になります。

研究室では、1～3か月をかけて、堆積岩をゆっくりと十分に自然乾燥させていきます。乾燥させた堆積岩を水に入れておくと、特殊な堆積岩なので、数時間で泥化してきます。水道水を細いチューブ管につないで弱い水流で、125ミクロンの孔の空いている分析用フルイを用いて、ていねいに泥水を洗い流していきます。この時、強い水流の水をかけると、小型化石が壊れてしまいますので、強い水流にしないように注意します（図5・1）。

分析用フルイの中に残った炭化物には、小さい鉱物成分も含まれていますので、これらを除去して、小型化石をクリーニングするために、大きめのプラスチックのビーカーに入れて、200～300ccの15％塩酸水溶液を加えて、少し揺らすことで塩酸を滲みこませます。この酸化処理によって、次のフッ化水素水による発熱反応を抑制することができます。次に、泥水中の余分な

図 5·1　フルイ選別法
泥化した岩石をフィルターを使いながら、水で洗い流す

石英質などの鉱物成分を溶解させるためにフッ化水素水を使用します。泥水にフッ化水素水を加えた直後に激しい発熱反応が起こり、突沸することがあるので注意が必要です。これらの処理を何回か繰り返した後に、さらに、1週間にわたり水洗を繰り返していきます。このような3～4か月以上もかかる処理によって、堆積岩から取り出した小型化石の中から、さらに多くの年月をかけて、被子植物の花や果実の小型化石を探していくことになります。

本当に大変なのは、次の実体顕微鏡を用いた選別作業です。ほとんどの小型化石は、炭化した材や葉が粉々になっているものです。めったに、果実や種子が見つかるものではありません。まして、咲いていた花がそのままに炭化しているものに出会うことなど、数か月の選別作業の中で、1回あるか、無いか、ぐらいなもので、あればよい方です。しかし、

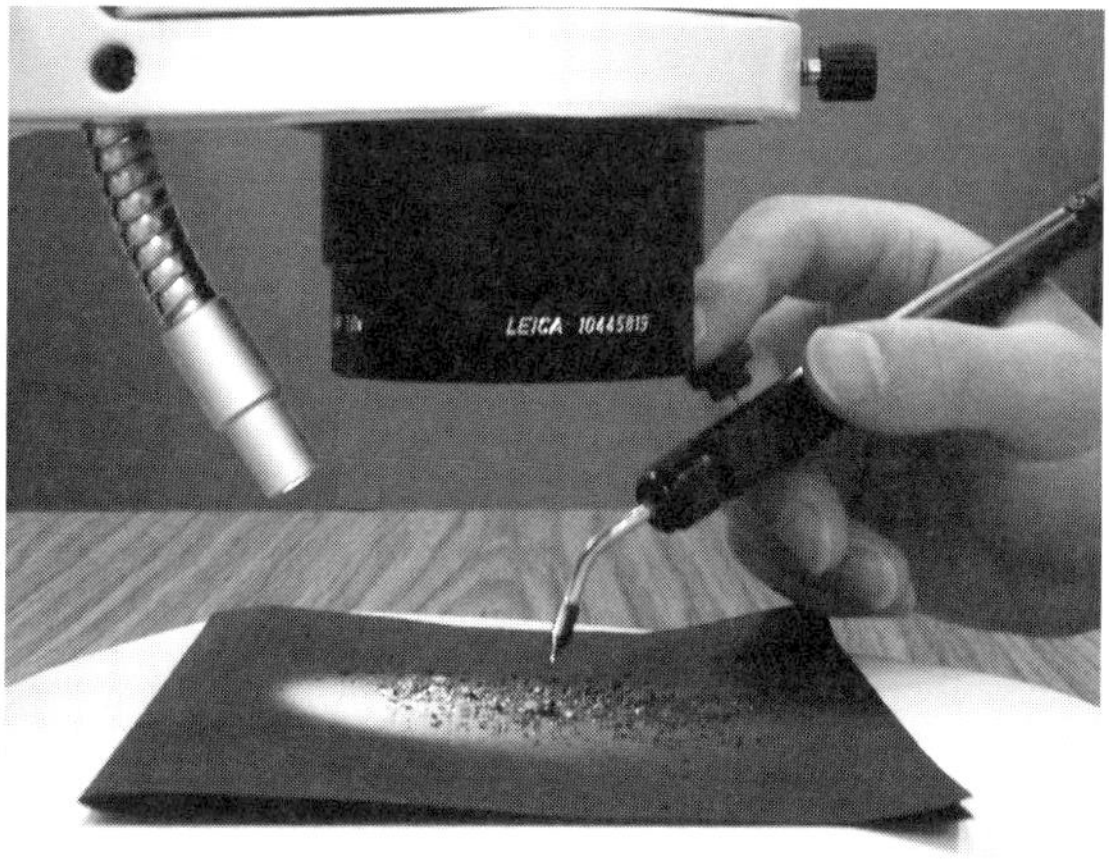

図5·2　実体顕微鏡下で、小さな炭化化石の選別を行う

ひたすら根気よく、これらの細かい炭化した小型化石から、実体顕微鏡を用いて、竹串の先に1本のまつ毛をつけたもので、種子や果実、花の化石、シュート、葉などの小型化石を選り分けていきます（図5・2）。来る日も来る日も、1本のまつ毛のついた竹串をもちながら、先の見通しもないままに、実体顕微鏡を覗く日々は続きます。このようにまつ毛のついた竹串をもつ日々は、双葉層群のサンプルだけでも4～5年以上の年月がかかっています。そんな中で、1～3ミリの小さいサイズの果実や花の小型化石が、きわめてまれに見つかることがあります。

その小さな花化石を試料台にセットして、走査型電子顕微鏡で慎重に観察し、詳細な表面構造を明らかにしていきます（図5・3）。走査型電子顕微鏡を使うことで、小型化石の表面を数千倍から数万倍の倍率に拡大して観察することができます。そのため、わずか1〜3ミリの小型化石の表面の構造を観察することができるのです。雌しべの先端に付いている約十ミクロンの花粉の形態も明らかにすることができます。このように走査型電子顕微鏡は、きわめて小さい雄しべなどの詳細な構造を高倍率で観察できるという優れた機能をもっています。

図5·3　走査型電子顕微鏡の試料台にのせた小型化石
図6·2と同一標本、ミクロラウス・ペリギナス。マッチ棒の大きさと比較してみて下さい

ところで、植物学的には、花や果実の内部がどうなっているのかが非常に重要なことです。このために、走査型電子顕微鏡の中で、微小なメスで試料を切り開く方法もありますが、炭素が主成分である小型化石にメスを入れますと、小型化石は壊れてしまいます。小型化石は、白亜紀からの貴重な標本ですので、タイプ標本として、博物館に大切に永久保存をする必要があります。そのため、本来、小型化石の内側の構造をみるために、切断したり、壊すことは絶対に避けなければいけないことなのです。

どうにかして、本来、壊すことはできない小型化石の内部構造を明らかにするために、エタノール凍結割断法という方法を用いてみました。この方法は、ゼラチンカプセルに花化石とエタノールをいれて、液体窒素で凍結させ、十分に冷却させたナイフで割断する方法です。新たな割断面を走査型電子顕微鏡で観察することで、不十分ながらも内部の組織学的知見を得ることができました。しかしながら、この方法でも小型化石を割断しますので、花化石を壊さなければならないということには変わりはありません。しかも、液体窒素で凍らせているとはいっても、炭化した組織の内部構造が残っているように割断することは容易なことではなく、たいていは、内部を砕いてしまって、大切な標本を失ったこともありました。

3　大型シンクロトロンによるマイクロCT

そのため、白亜紀の花化石を壊さないで、内部構造を明らかにするために、兵庫県播磨科学公園都市にある大型放射光施設スプリング‐8と、シカゴにあるAPSの大型シンクロトロン（図5・4）によるマイクロCTを利用することになりました。スプリング‐8とは、世界最高性能の放射光を発生することができる第三世代大型シンクロトロンであり、最先端の学術研究のために利用されています。マイクロCTは原理的には医療用CTと同じですが、わずか数ミリの小さなサンプルを回転させながら、X線撮影を行い、コンピュータによるマイクロトモグラフィーで複数の断層像に構築し、さらに三次元画像解析ソフトを使って立体的なデータに再構築していき

図5·4　シカゴの第三世代大型シンクロトロン(APS)

ます。マイクロトモグラフィーは、人間の病気の診断に利用される医療用CT装置より高分解能で解析できるという特長があります。この大型シンクロトロンのマイクロCTによって、花化石を壊すことなく、詳細な内部構造の情報を得ることができるようになりました。

6章　日本で発見された白亜紀の小型化石

福島県の浜通りの楢葉町および広野町からいわき市にかけて分布する双葉層群は、後期白亜紀（コニアシアン期〜後期サントニアン期：８９００万年前〜８５００万年前）にユーラシア東側の海に面していた地域で堆積した地層です。福島県の浜通りには、いわき市化石・石炭館やアンモナイトセンターなどがあり、フタバスズキリュウやアンモナイトが発見された場所としても有名です。私が、最初に福島県浜通りを訪れたのは１９９５年の春でした。それまで、日本国内の白亜紀の地層から炭化した小型化石が発見されたことはなく、日本には火山も多いので、小型化石の研究ができるとは、誰も考えていませんでした。筆者は、白亜紀に咲いていた花を求めて、研究の見通しや確信があるわけではなく、先のことなど何も考えないままに、のどかな農村風景が広がる広野町からいわき市にかけての双葉層群の露頭を見つけては、岩石をサンプリングしていました。一般に自然科学の研究は、ある程度の見通しをもって計画的に進めていくものですが、筆者のように、将来的な見通しもないままに、ひたすらに前に向かって進んでいくような無謀とも思えるやり方もあります。さて、サンプリングした岩石を研究室に運び込んで、乾燥した後に水の中に置いてみるのですが、ほとんどの岩石サンプルは、いつまでも硬い岩石のままに水の中に残っていました。ところが、中には、水に1時間も入れておきますと、自然に溶解して、完全に泥化するものがあります。泥化した後で、前章で述べたようなプロセスで処理し、炭化物の状態を実体顕微鏡で確認していきます。炭化物の破砕片に細胞壁が残っていれば、良好な状態で堆積しているということになります。その後、何度となく、福島県浜通りを訪れては、良好な状態で炭化物がふくまれている地層から堆積岩のサンプリングを繰り返してきました。

日本の白亜紀地層から、被子植物の花・果実・種子などの保存性のよい小型化石を発見していくには、さらに、多くの年月を必要としました。数年後には、広野町の浅見川部層から保存性の良好な小型化石を多く発見することができたので、この地域の後期白亜紀の小型化石を「上北迫《かみきたば》植物化石群」と呼ぶことにしました。

上北迫植物化石群には、クスノキ科、バンレイシ科などの原始的被子植物群や、シクンシ科やミズキ科などの真正双子葉類が含まれています。また、ブナ目やツバキ目の可能性のある小型化石も発見されています。それでは、8900万年前の双葉層群から発見された上北迫植物化石群の中から、花化石を含む代表的な小型化石を紹介しましょう。

1　広野町で最初に発見された白亜紀の花化石　―シクンシ科の花化石―

堆積岩のクリーニングを終えて、残った大量の炭化片を、黒っぽい紙の上に広げて、実体顕微鏡を覗いていました。すでに、いくつかの果実化石や種子化石や針葉樹の葉化石は見つかっていました。そんなある日、多くの小さな炭化片の中から、少し大きめの3ミリ位の細長い炭化片を発見しました。片方の先端に小さい突起物が突き出しており、もう片方の先端は丸みを帯びている化石でした（図6・1）。実体顕微鏡では、この小型化石が、花であるという確信はありませんでした。しかし、走査型電子顕微鏡で確認すると、小さく突き出ているものは、雌しべの3本の花柱であり、雄しべが落ちた跡の花糸もいくつか認められました。花被片の痕もあります。表面には数本の溝があり、溝には腺毛が規則正しく並んでおり、表面には、数多くの単毛があります。

福島県広野町の双葉層群から、初めて花化石が発見された瞬間です。

花化石の花被片の基部は子房に合着しており、子房は細長く伸びて、子房下位であり、花床筒

図6·1　双葉層から発見したシクンシ科の花化石
エスグエリア・フタベンシス、走査型電子顕微鏡像、スケールは1mm
（Takahashi *et al.*, 1999）

を形成し、先端の花柱は3つにわかれていました。花床筒には腺毛が縦方向に5列になって配列し、1列に5~6個の腺毛がついていました。この花化石の特徴から、フトモモ目のシクンシ科と共有派生形質をもっていることが明らかになりました。現生のシクンシ科植物と比較すると、白亜紀のシクンシ科の花化石はかなり小さく、現生のシクンシ科の花の花柱が1本になっているのに対して、この花化石の花柱が3本にわかれていることが異なる点でした。

現生のシクンシ科は、熱帯・亜熱帯に分布する植物で、東南アジアではよく見ることができますが、日本では沖縄地方にわずかに生育しているだけです。植物化石に関するこれまでの文献を調べてみますと、すでに、フリース氏らによって、ポルトガルのカンパニアン期~マーストリヒチアン期の地層から似たような花化石が発見されており、エスグエリア属（発見された村の名前から由来）と命名されていました。ポルトガルで発見されたエスグエリア属植物の花のサイズが約2ミリであるのに対して、双葉層群から発見された花化石は、サイズが3ミリと大きく、1列あたり10~20個の小さいサイズの腺毛が配列しているという特徴があります。

この福島県広野町から日本で初めて発見された花化石は、ポルトガルで発見されたものと同属の新種として、エスグエリア・フタベンシス（双葉層群から発見されたエスグエリアという意味）と命名しました。エスグエリア・フタベンシスは、ポルトガルから発見されたエスグエリア属植物より、約3000万年も古い地層からの発見ということになります。後期白亜紀からエスグエリア属の複数の種の花化石が、ユーラシア大陸の東西端に位置する日本とポルトガルの地層から見つかったということは、白亜紀の生物地理を推定するうえで興味深いことです。エスグエリア属の花化石の発見から、ユーラシア全体で、同一属が広く分布しており、地域によって異なる種に分化していた可能性がでてきました。花のサイズは3ミリと小さいので、目立つ花でなかったようですが、数枚の花被片の痕が残っていましたので、小さいながら花被片を広げていたようです。日本列島が形成されるよりも、はるか昔の後期白亜紀に、シクンシ科が花を咲かせていたユーラシア東部の福島県浜通りは、非常に温暖な熱帯地域だったのかも知れません。現在、熱帯〜亜熱帯地域に分布しているシクンシ科の祖先が、後期白亜紀にはフタバスズキリュウと共に生育しており、しかも、ユーラシア大陸に3000万年もの時空を超えて生育していたことに、畏敬の念すら感じてしまいます。

2 白亜紀のクスノキ科の花化石

次は、上北迫植物化石群から発見したクスノキ科の花化石の話です。現生のクスノキ科は、タブノキ、ゲッケイジュやシロダモ、アボカドなど、67属2700種を含む大きな科であり、主に温帯から熱帯地域にかけて分布しており、花は、1個の胚珠を含む一心皮性の雌しべが中央にあ

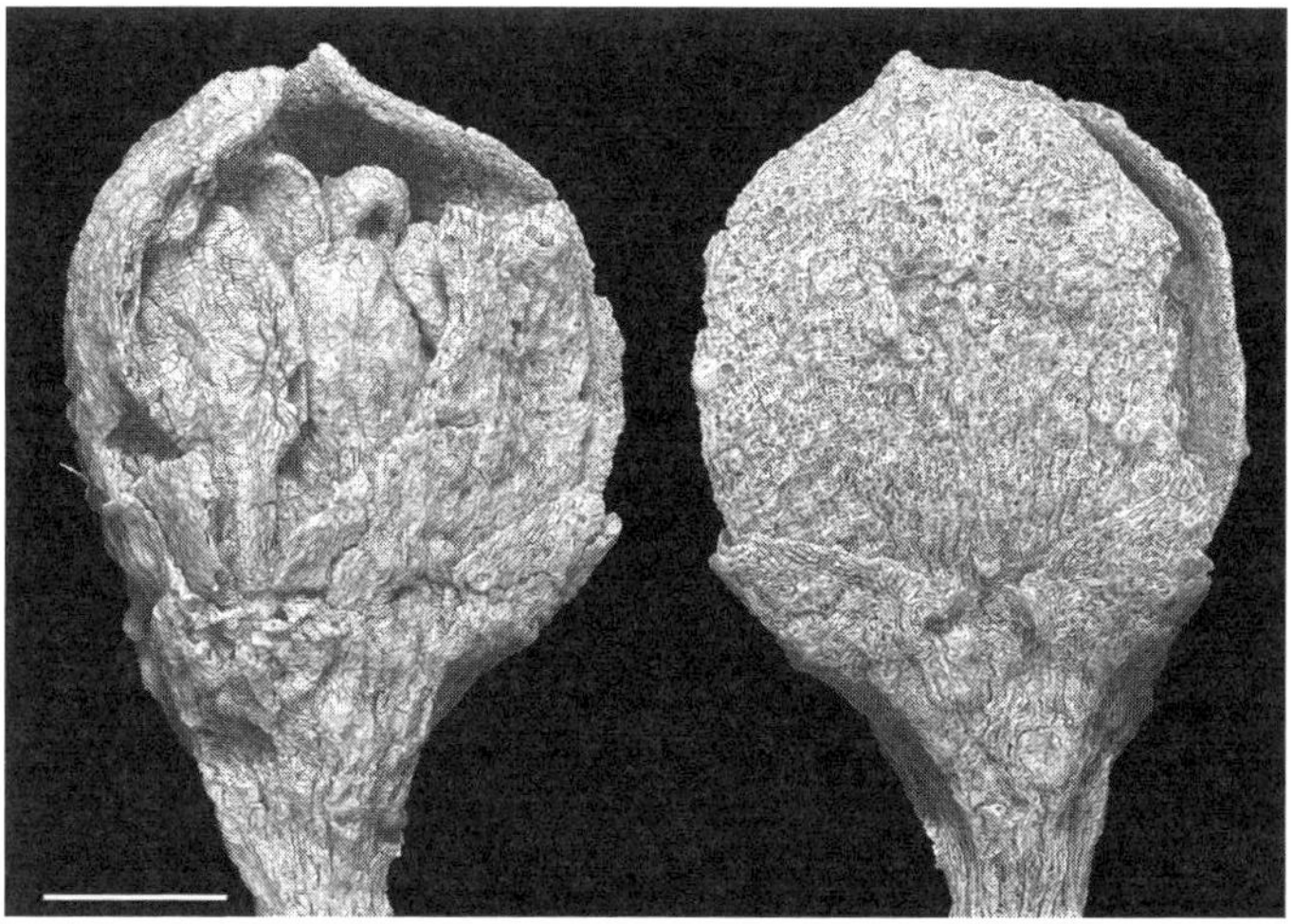

図6·2　クスノキ科の花化石　ミクロラウス・ペリギナス
大型シンクロトロンのマイクロCTから三次元構築をした像。
スケールは0.3 mm　(Takahashi *et al.*, 2014)

り、その周囲に三数性の雄しべや花被片をもっています。なお、雄しべの葯は、弁が開くように開閉する弁開という特徴があります。

炭化片を実体顕微鏡で選別していたところ、長さが3ミリにも満たない細長い炭化片を見つけました（図6・2）。先の1ミリ位の部分が少し膨らんでいるようにも見えます。さっそく、走査型電子顕微鏡でみてみますと、細い花柄についている直径0・88ミリ、長さ1・12ミリの花化石であることがわかりました。花被片の一部が壊れているところから、雄しべらしきものもみられます。試料台を回転させながら、花化石の周囲を見ていきますと、外側に3枚の花被片があり、その内側にも花被片があるように見えます。

走査型電子顕微鏡での観察では、花化石であるという確認ができたものの、さらに詳しい情報を得ることができません。そこで、シカゴにある大型放射光施設シンクロトロンのマイクロCTを使うことになり、大型シンクロトロンの放射光を、1ミリのサイズの花化石にあてて、サンプルを回転させながらX線透過像を撮影していき、得られたX線透過像からマイクロトモグラフィー法によって、二次元的な断層像に構築していきますと、この二次元断層像から、花被片だけを選択することや、1本の雄しべだけを残すことなど、いろいろな画像処理ができます。画像処理した二次元断層像をレンダリング法で重ね合わせていくことで、三次元的な立体像に再構築していきました。三次元化した画像データから任意の方向で連続断層像を作ることもできるし、単離した雄しべを三次元的に表すこともできます。このような画像処理によって、わずか1ミリの小型化石の三次元的な内部構造が明らかになってきました。

この花化石には、外側に小さめの3枚の花被片と内側の大きめの3枚の花被片があり、その内側に3本の雄しべが3輪あり、さらに、1輪の仮雄しべが3本あって、中央には、一心皮性の雌しべに1個の胚珠が入っていることがわかってきました。最外輪の雄しべの側面に腺体がついており、葯は弁開することも明らかにされました。これらの特徴から、クスノキ科植物であることが確認できました。現生のクスノキ科植物に比べて、はるかに小さく、すでに絶滅した種類であることがわかります。また、これまでに白亜紀の地層から発見されたクスノキ科の花化石とは異なっていますので、新属のミクロラウス属を設定し、ミクロラウス・ペリギナスと命名しました。さらに、上北迫植物化石群からは、腺体が内側の雄しべについており、花の内側を綿毛が覆っているクスノキ科の花化石が見つかっています。こちらの花化石は、ミクロラウスと違って、内外の花被片が同じ大きさだったので、新属新種のローランタス・フタベンシスと命名しました。クスノキ科の他の種類の花化石は、スウェーデンやアメリカ東部の白亜紀の地層からも発見されており、すでに、白亜紀に多様化していたことを示しています。白亜紀のクスノキ科の花化石は、現生のクスノキ科植物に比べて、はるかに小さい花をつけていたことがわかります。白亜紀のクスノキ科植物は、現生のクスノキ科植物とは別の種類であり、白亜紀に花を咲かせていましたが、種としてはすでに絶滅していると考えられます。白亜紀に生育していた被子植物と同一の属や種が、現生植物として残っていることはなさそうです。

3　白亜紀に咲いていたバンレイシ科の花化石

窓の外では、雪がシンシンと降り続いていた冬のある日、私は、あいかわらず、実体顕微鏡をのぞいていました。少し丸っぽい炭化片の真ん中あたりに、小さい突起がついているのを見つけ

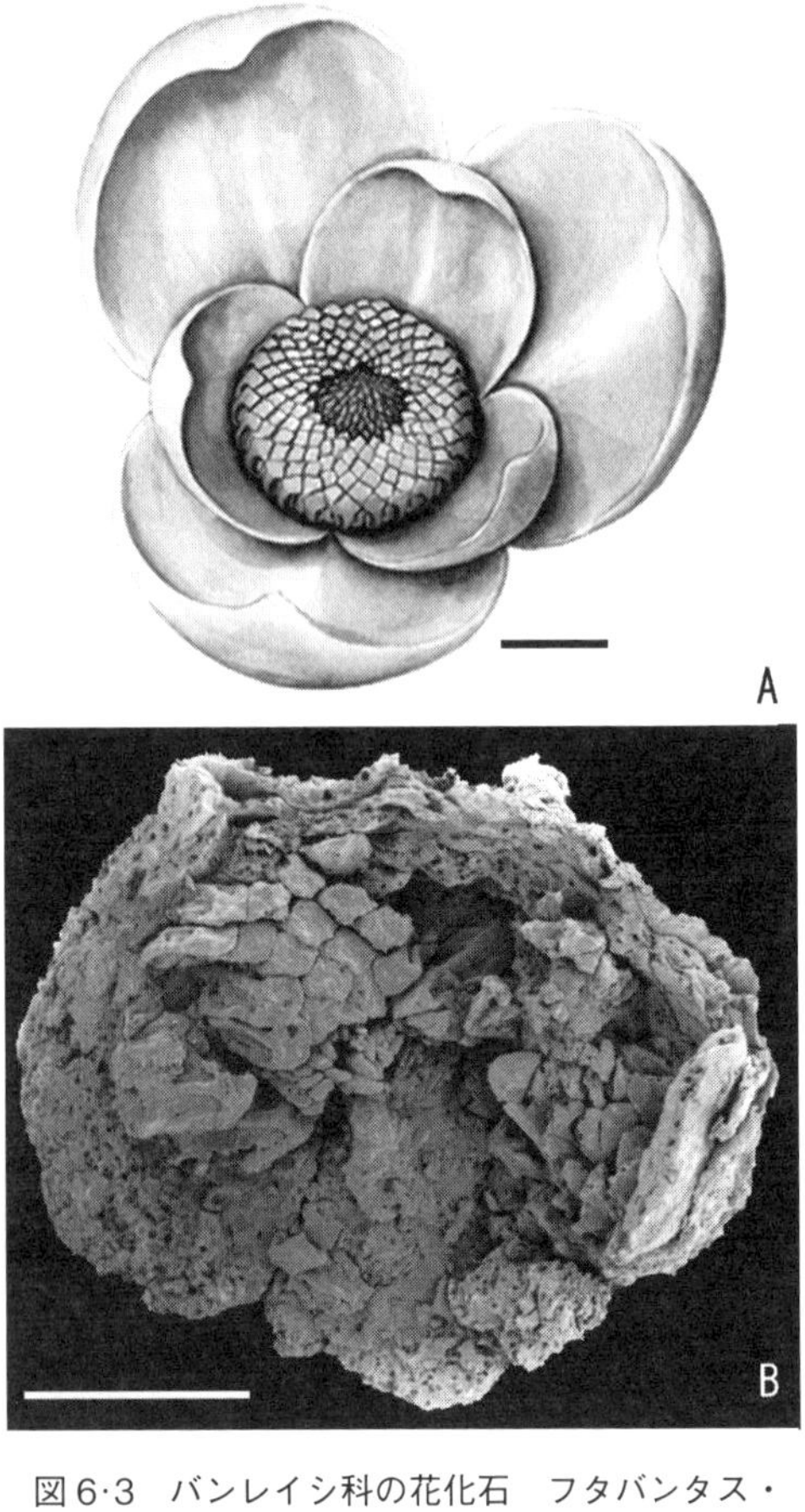

図6·3　バンレイシ科の花化石　フタバンタス・アサミガワエンシス
A：再構築図、B：走査型電子顕微鏡像。スケールは1 mm　(Takahashi *et al.*, 2008a)

て、1本のまつ毛のついた竹串の先でひっくり返すと、小さい鱗のようなものがたくさんついていることに気がつきました。「ん?、花かも」と慎重に釣り上げて、しばらく実体顕微鏡で眺めていました。確かに、一部が壊れているようですが、多くの鱗片状の構造が中央の方向に向かってついています。おそらく、葯隔の先端が舌状に伸びている多くの雄しべがある花化石だろうと思って、走査型電子顕微鏡で観察してみました（図6・3B）。やはり、予想通り、鱗片のように見えたのは、扁平状の雄しべの葯隔の先端であって、花の中央部を取り囲んでいました。扁平状の雄しべの葯隔の先端が伸びているのは、モクレン目植物でみられる特徴です。花の周辺に数枚の花被片の痕が残っており、中央部分には、複数の小突起状のものがあるようですが、実際に、どのような構造になっているのかは、雄しべに隠れていて、走査型電子顕微鏡では確認することができません。

そこで、大型シンクロトロンのマイクロCT撮影を行うことにしました。三次元構築した画像データを加工して、すべての雄しべを取り除いてみました。雄しべの下に隠されていたのは、突出している花床に、多くの離生心皮がラセン状に配列している雌しべであることが明らかになりました。この花の特徴から、モクレン目のバンレイシ科に含まれることがわかります。

現生のバンレイシ科は、熱帯から亜熱帯を中心に分布しており、約119属1700種が知られています。まれに、日本でも、ポーポーの木が栽培されています。現生のバンレイシ科は、大型の花をつけており、白亜紀の花化石のような直径がわずかに3〜5ミリの小さい花をつけているものはありません。現生のバンレイシ科植物に比べて、白亜紀のバンレイシ科の花は、非常に小さかったようです。バンレイシ科の花化石が白亜紀の地層から発見されたのは、世界で初めてのことです。この小型化石には、双葉層群の名前にちなんで、フタバンタス・アサミガワエンシスと命名しました。マイクロCTで再構築したデータに基づいて、この花化石が咲いていた時の様子を復元してみました（図6・3A）。わずか直径5ミリ位の小さい花ですが、6枚の花被片と数多くの雄しべと多くの心皮をもつ花だったことがわかります。フタバンタスは、熱帯性のバンレイシ科植物ですから、この地域はかなり温暖な地域であったと思われます。

4　白亜紀のヤマグルマ科の花化石

あいかわらず、実体顕微鏡をのぞきながら、まつ毛をつけた竹串で炭化化石をひっくりかえすという単純な作業を続けていたある日に、ふと、星のような形の化石が眼に飛び込んできました。少し壊れていましたが、明らかに花の化石です（図6・4）。表面は円盤状で、中央部分に複数の心皮が輪生しており、すぐに多心皮性の植物であることがわかりました。その花化石は、実体顕微鏡下で、放射状に瞬《またた》いている小さな星のように見えました。その後、同じ種類の若い状態の花化石も発見されました。かなり小さいサイズで、花床の中央が窪んでおり、雌しべは、約10個の離生心皮が輪生しており、それぞれの心皮の中には約10個の胚珠が入っています。その周囲を約120本の雄しべが取り囲んでいます。この花化石を走査型電子顕微鏡で詳しく調べますと、その表面には、三溝型花粉が付着しておりました。この花粉型から、真正双子葉類の植物であるこ

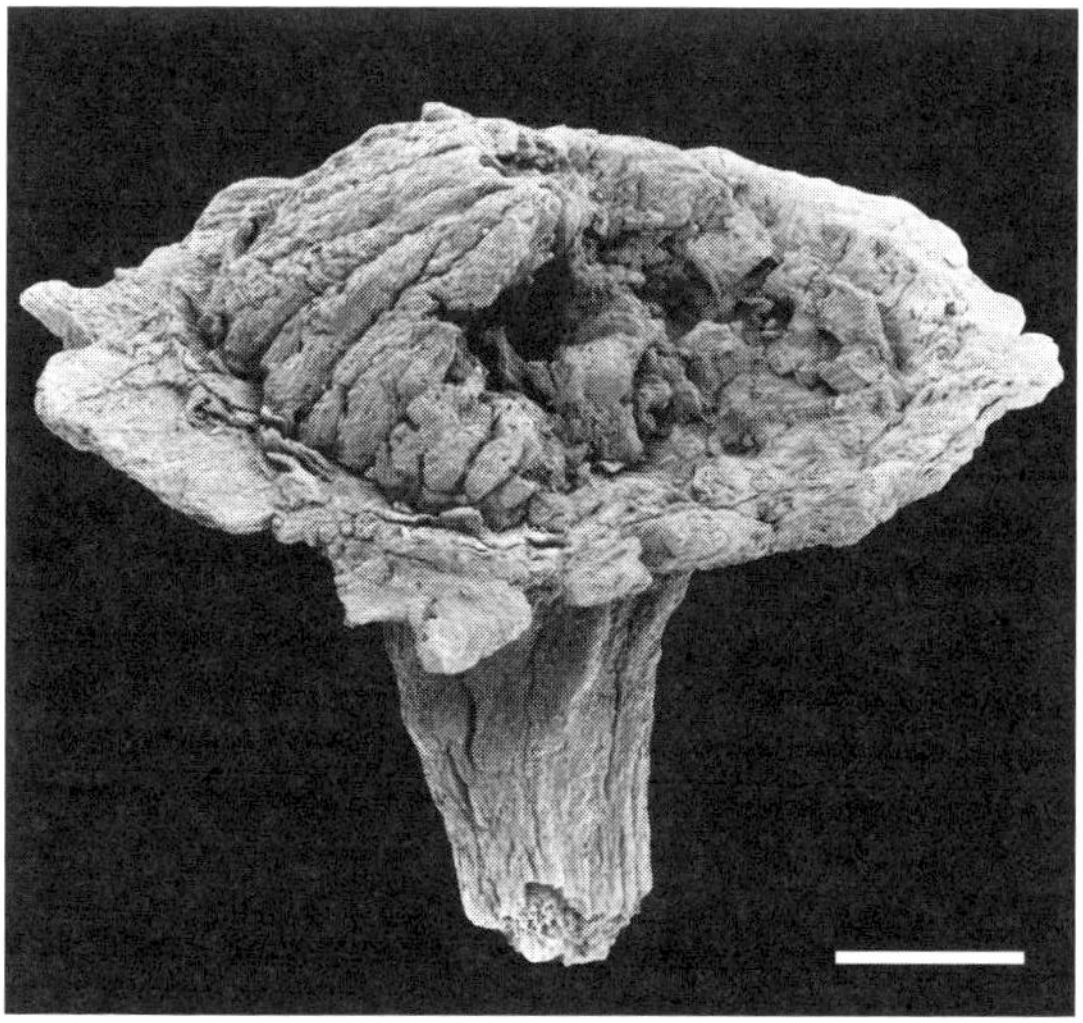

図6·4　ヤマグルマ科の花化石　アーキステラ・バーテセラタ
スケールは1 mm　(Takahashi *et al.*, 2017)

とが確かめられました。これらの特徴から、この花化石はヤマグルマ科のものであることがわかりました。

現生種のヤマグルマは、世界でも、日本および朝鮮半島と台湾だけに分布している、1科1属1種の珍しい固有種です。別名、トリモチノキとも呼ばれており、かつては、樹皮を細かく砕いて水洗いし、粘着質物質をとりだし、昆虫や鳥をつかまえるのに利用されていたことで知られています。5月から6月にかけて、直径10～12ミリの花被片のない黄緑色の花を咲かせます。単子葉類の次に進化してきた真正双子葉類の中でも原始的な科として知られています。

このヤマグルマ科の花化石を、白亜紀の地球に咲いていた小さな星のような花という意味で、「古代の星」という意味のアーキステラと新学名をつけようと考えています。現生のヤマグルマは花被片がないのに対して、「古代の星」である花化石は、2輪の花被片をもっているという特徴があります。ヤマグルマの祖先植物が、8900万年前のユーラシア東部の海岸の周辺で花を咲かせていたことになります。

5 上北迫植物化石群の特徴

福島県の双葉層群から発見された上北迫植物化石群は、後期白亜紀の前期コニアシアン期(8900万年前)ですので、被子植物の初期多様化が進んでいる時期にあたります。ユーラシア東部から、初めて、白亜紀の地層から保存性の良い被子植物の花化石が発見された貴重な地域ということになります。しかも、欧米の白亜紀の地層と共通の科が含まれており、被子植物の分布の広がりと分化の状態を探るために重要なデータを提供しています。

福島県の上北迫植物化石群から、バンレイシ科、クスノキ科、シクンシ科など、熱帯・亜熱帯性植物の花化石が多く発見されています。その他にも、ミズキ目やブナ目やツゲ科の果実化石や、スイレン科の種子化石など、多くの被子植物の小型化石や裸子植物の葉の化石も数多く見つかっています。全体的には、熱帯・亜熱帯に分布しているような木本植物が多く、スイレン科などの水生草本も含まれていました。この地域の当時の気候は、熱帯・亜熱帯気候であった可能性があります。しかも、上北迫植物化石群からもわかるように、白亜紀に咲いていた花化石や果実化石は、現生の被子植物に比べて非常に小さく、派手な花弁がなく、目立つ花は咲いていなかったのかも知れません。

北海道や東北地方には、双葉層群とは地質年代の異なる地層があります。たとえば、マリーストープス女史と藤井健次郎氏の植物化石の研究で有名な後期白亜紀の函淵《はこぶち》層群です。函淵層群にも、非固結性の柔らかい陸成層の堆積岩が含まれていますが、褶曲などのために、小型化石の保存状態が良いとは言えない状態でした。また、北陸地方には、ジュラ紀から前期白亜紀の手取層群があって、多くの恐竜が発見されていることで知られていますが、高圧で硬い堆積岩になっており、小型化石を発見することはできませんでした。今のところ、国内では、福島県の双葉層群だけが、日本国内で、白亜紀の小型化石を探し出すことができる唯一の場所なのです。

では、海外では、どのような花化石が発見されているのでしょうか？　ヨーロッパや北アメリカで前期白亜紀の地層から発見されてきた花化石を、次の章で紹介したいと思います。

7章　白亜紀の花

白亜紀の森林は、高い木々が生い茂り、色鮮やかな大型の花が咲き乱れ、ドリアンのような巨大な果実もぶらさがっている密林と考えている人が多いのではないでしょうか？　実は、これからお話しする白亜紀の森林には、鉛筆の芯の先端と同じ位のたった1~3ミリのサイズの花が咲いていたのです。これだけ小さいものですから、肉眼では見えないし、ルーペを使っても、その形態を明らかにすることは、なかなかできません。そのために、5章で述べているように、走査型電子顕微鏡や大型シンクロトロンを使うことによって、やっと、それらの構造を明らかにすることができます。

前期白亜紀のバランギニアン期の北半球にはユーラシア大陸があり、高温で多湿な地域が広がっていました。一方、南半球には、ゴンドワナ大陸があり、その中央部では、高温で乾燥している地域が広がっていました。ゴンドワナ大陸の南側には、多湿で温暖な地域がありました。この頃の地球に生育していた陸上植物は、シダ類や針葉樹類、ソテツ類、イチョウ類、グネツム類や絶滅した裸子植物などであり、被子植物の植物化石は発見されていません。

オーテリビアン期には、被子植物の最古の花粉化石がイスラエルの地層から発見されています。前期アプチアン期になりますと、ポルトガルから複数の花化石が発見されるようになってきます。この頃の年代の地層から、三溝型花粉の化石が発見されていますので、すでに、真正双子葉類も出現していたようです。アルビアン期に、モクレン目、ロウバイ科、クスノキ科、センリョウ科などが分化してきました。

後期白亜紀になりますと、セノマニアン期の地層から原始的被子植物群が多く出現しており、モクレン科、シキミ科、センリョウ科、クスノキ科などが豊富に生育していたと思われます。さらに、真正双子葉類の多様化が進んでいきました。チューロニアン期には、ユキノシタ目、マンサク目、フウチョウソウ目、ツツジ目やフクギ科などに近縁な真正双子葉類の小型化石が発見されており、真正双子葉類の本格的な放射状進化が進んでいたと考えられています。コニアシアン期からマーストリヒチアン期にかけて、クスノキ科、ユキノシタ目、マンサク目、フトモモ科やクルミ科やブナ目、ツツジ目、シクンシ科、スズカケノキ科、マタタビ科などに近縁な小型化石が出現しており、実に多様な被子植物が進化してきました。

では、前期白亜紀の原始的被子植物から、後期白亜紀に多様化した被子植物まで、代表的な花化石を具体的に紹介しましょう。

1　ポルトガルの地層から発見された花化石

ポルトガルの前期白亜紀の地層から、被子植物の初期進化群が発見されています。この地層の年代は、後期バレミアン期〜前期アプチアン期の地層と報告されていますが、アルビアン期の可能性もあります。

ポルトガルの前期白亜紀の地層から発見されたのは、長さが2.3ミリの雄花の小型化石です（図7・1）。この花化石は、外側の小さい花被と内側の大きい花被があり、その内側に、細い花被（あるいは、花糸）がありました。その内側には、10〜15本の雄しべがあり、花糸は、太く、長く、扁平

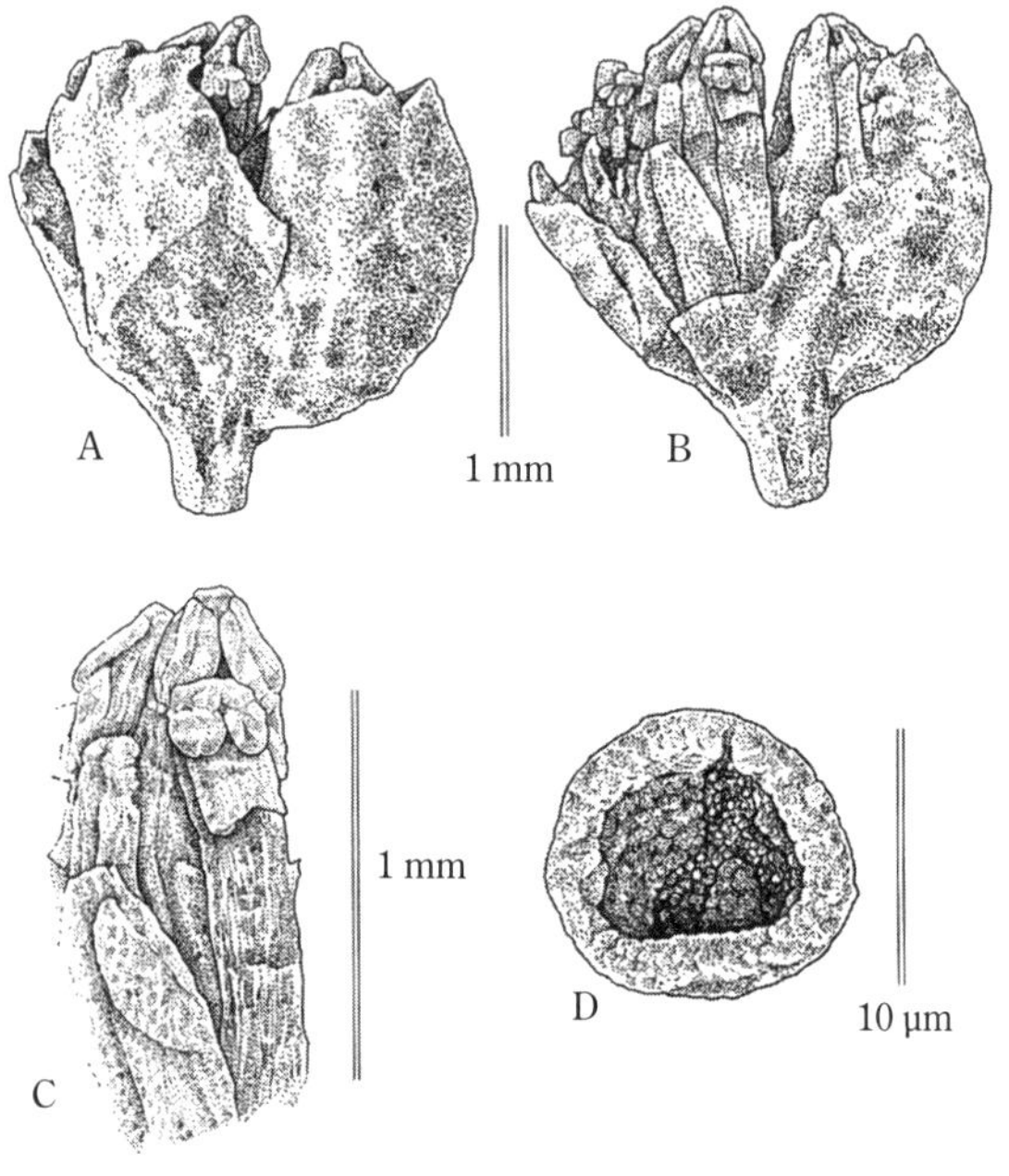

図7·1　ポルトガルの前期白亜紀の地層から発見され、原始的被子植物に関連していると思われる花化石
A B：花化石、C：雄しべ群、D：花粉（Friis *et al*., 2000; 2011）

になっています。花被片と雄しべの間には長さが1.5ミリの細長い構造物がみられ、雄しべは、長くて広く、扁平化した花糸と短い葯からできています。葯は、外向きにつき、0.3ミリの長さで、2個の半葯をつけ、それぞれの半葯が2個の花粉嚢をもっています。

この花化石は、被子植物で最も原始的なアンボレラと類似していますが、アンボレラの葯は内向きについているのに対して、この花化石は葯が外向きについているところが違っています。この花化石は、アンボレラよりも、さらに原始的な形質をもっていると考えられています。(図7・1)

2 スイレン科の最古の花化石

モネの睡蓮《すいれん》の画で有名な、水辺に優雅に咲いている現生のスイレン科植物には、オオオニバス、オニバス、スイレンなどの大型の花がありますが、植物系統学的には、アンボレラに次いで、原始的な被子植物です。いずれも水生植物で、その中で、南米に生育しているオオオニバスは、巨大な葉をつけることで有名です。

このスイレン科の花化石は、1億年以上も前の、ポルトガルの後期アプチアン期～前期アルビアン期の地層から発見されています(図7・2)。この花化石の大きさは、現生のスイレン科植物に比べてはるかに小さく、わずか長さ3ミリ、直径2ミリのサイズで、開花した時期の花化石が

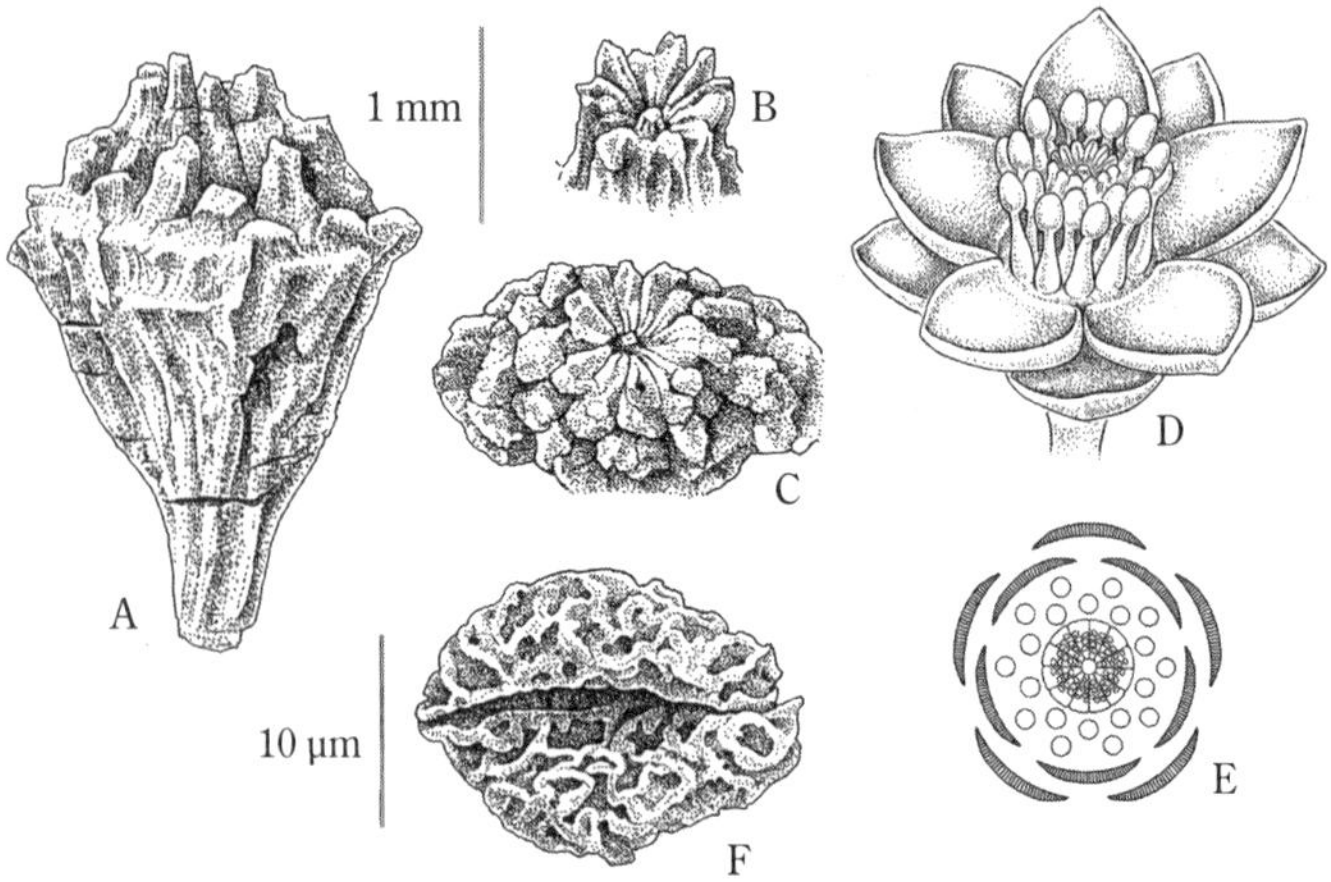

図７·２　スイレン目の花化石　モネチアンタス
Ａ：全体像、ＢＣ：柱頭、Ｄ：再構築図、Ｅ：花式図、Ｆ：花粉
（Friis *et al*., 2001; 2009; 2011）

発見されました。この花化石は放射相称であり、子房中位の両性花でした。雌しべの周囲のすべての花被片や雄しべは折れた状態であり、これらの折れた痕跡から、９〜10枚の花被片と２本の雄しべがついていたと考えられています。雌しべは、12枚の合生心皮からなっています。心皮の基部で合着しており、頂端は離生していました。この花化石は、モネチアンタスと名づけられ、現在では絶滅してしまった最古のスイレン科植物であると考えられています。前期白亜紀には、モネチアンタスのような水生植物が、水面に、２〜３ミリの小さい花を咲かせていたのかもしれません（図７・２）。

3 白亜紀のセンリョウ科の花化石

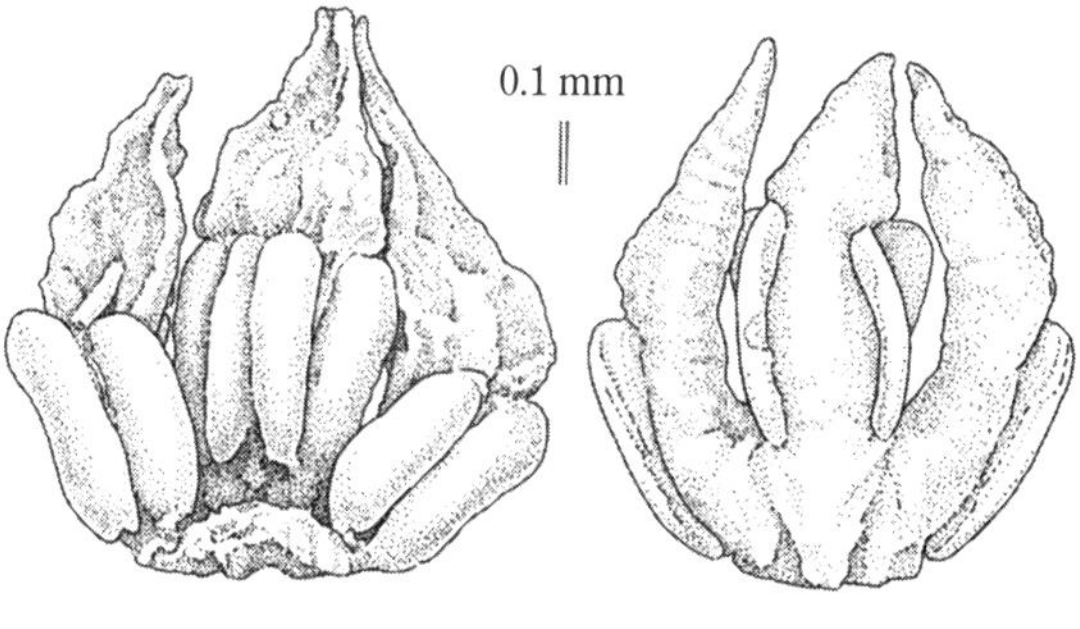

図7·3　センリョウ科の雄しべの化石　クロランテステモン
（Herendeen *et al.*, 1993; Friis *et al.*, 2011）

お正月飾りに使うセンリョウやヒトリシズカなどで知られているセンリョウ科植物は、東南アジアや南アメリカ、マダガスカルなどの熱帯から温帯に生育している真正モクレン綱の1科です。センリョウ科の花化石は、アルビアン期以降の多くの白亜紀の地層から発見されており、クロランテステモンと名づけられています（図7・3）。

次に紹介するのは、アメリカのニュージャージー州の後期白亜紀（チューロニアン期）や、スウェーデンの後期白亜紀（後期サントニアン期〜前期カンパニアン期）の地層から発見された、保存性のよいセンリョウ科の雄花の化石です。この花化石は、花被片が無く、雄しべが3裂片化しており、中央の雄しべには2個の半葯がついており、それぞれの半葯が2個の花粉嚢からできています（図7・4）。また、側生している雄しべには1個の半葯がついており、この雄しべが、現生のセンリョウ科植物のように子房についていました。三つに分かれている雄しべ群は、被子植物の中でも特異的なものです。白亜紀にはすでにセンリョウ科が分化していたことを示す有力な証拠です。

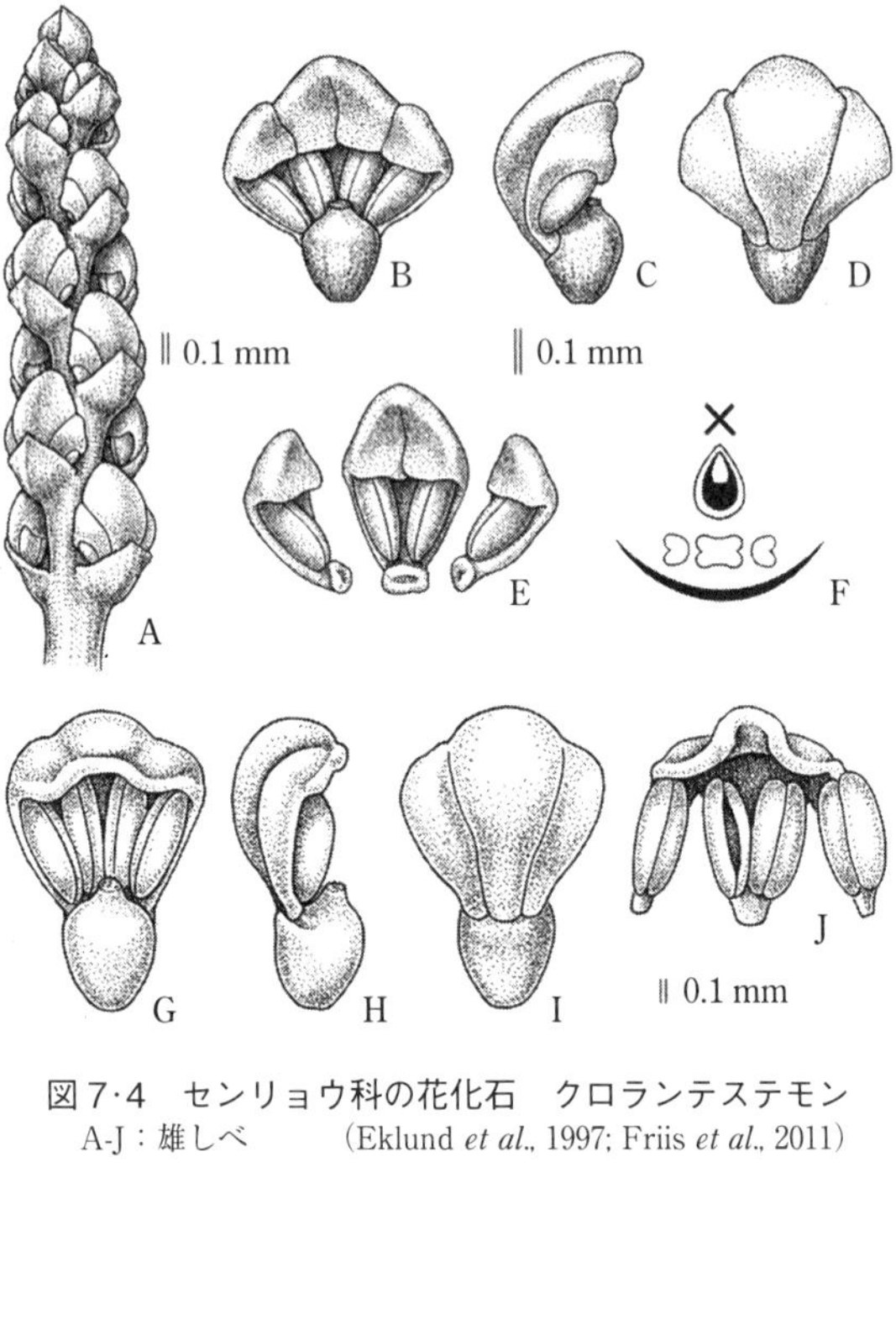

図7·4　センリョウ科の花化石　クロランテステモン
A-J：雄しべ　（Eklund *et al.*, 1997; Friis *et al.*, 2011）

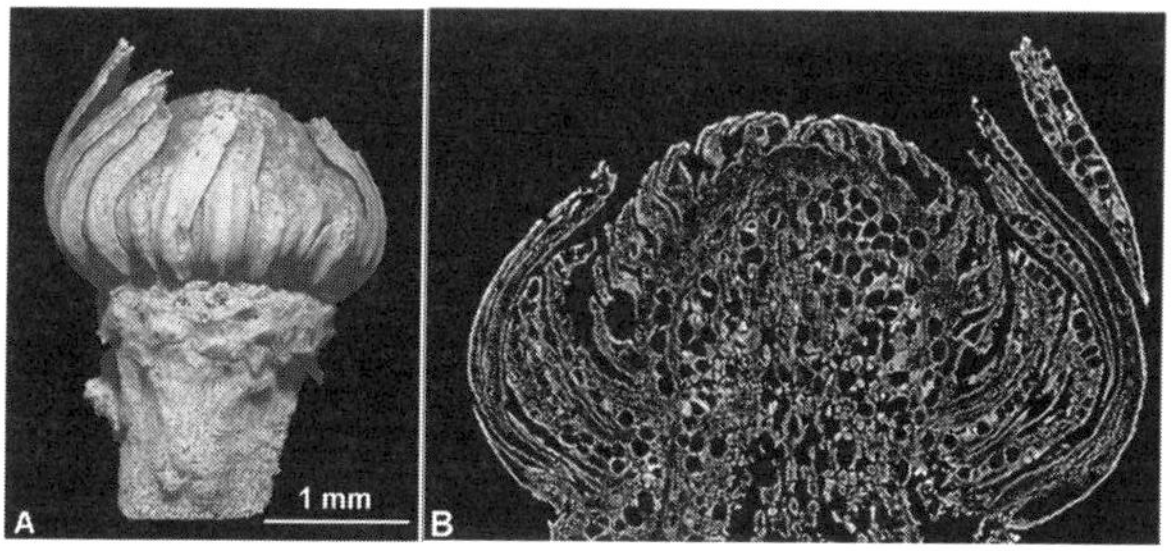

図7·5　モクレン目に関係している花化石　セシランタス
全体像と断面図　(Herendeen *et al.*, 2016)

4　モクレン目の花化石

メリーランド州のセノマニアン期の地層から、長さが3.2ミリ、直径2.3ミリの花化石が発見されました（図7・5）。この花化石は、花床が盛り上がっており、20枚の花被片と、約50本の雄しべと約100個の心皮（雌しべ）が不規則に輪生しています。雄しべはへら型であり、短い葯隔の先端があり、葯と花糸の区別がはっきりしておらず、雄しべの両側に花粉嚢がついています。この花化石はセシランタスと名づけられ、モクレン目の特徴である多心皮型の花の形態から、バンレイシ科に近いのではないかと考えられています。一般に、白亜紀の花化石は、いろいろな分類群と共通の形質をモザイク状にもっていますので、科を特定することがなかなか困難な場合があります。セシランタスも、モクレン科やロウバイ科にも類似している点があります。おそらく、この花化石は、モクレン目の初期系統群に属している花化石であると考えられています（図7・5）。

5　ロウバイ科に類似の花化石

ロウバイは、黄色い花をつけ、庭木として植えられている植物ですが、この仲間であるロウバイ科とは、クスノキ目の1科で、北アメリカと東アジアの温帯～熱帯にかけて分布しています。

アメリカのバージニア州のアルビアン期の地層から、2～3ミリの長さの両性花の花化石が発見されています（図7・6）。この花化石には長いカップ状の花床筒があり、その周囲に数多くの花被片と30～40本の雄しべをつけています。雄しべの背軸側の葯には2対の花粉嚢があり、単溝型花粉をもっていました。花床筒の内側には、18～26本の離生心皮があります。発見された州の名前からバージニアンタスと名づけられました。

この花化石の特徴は、現生のロウバイ科に類似し

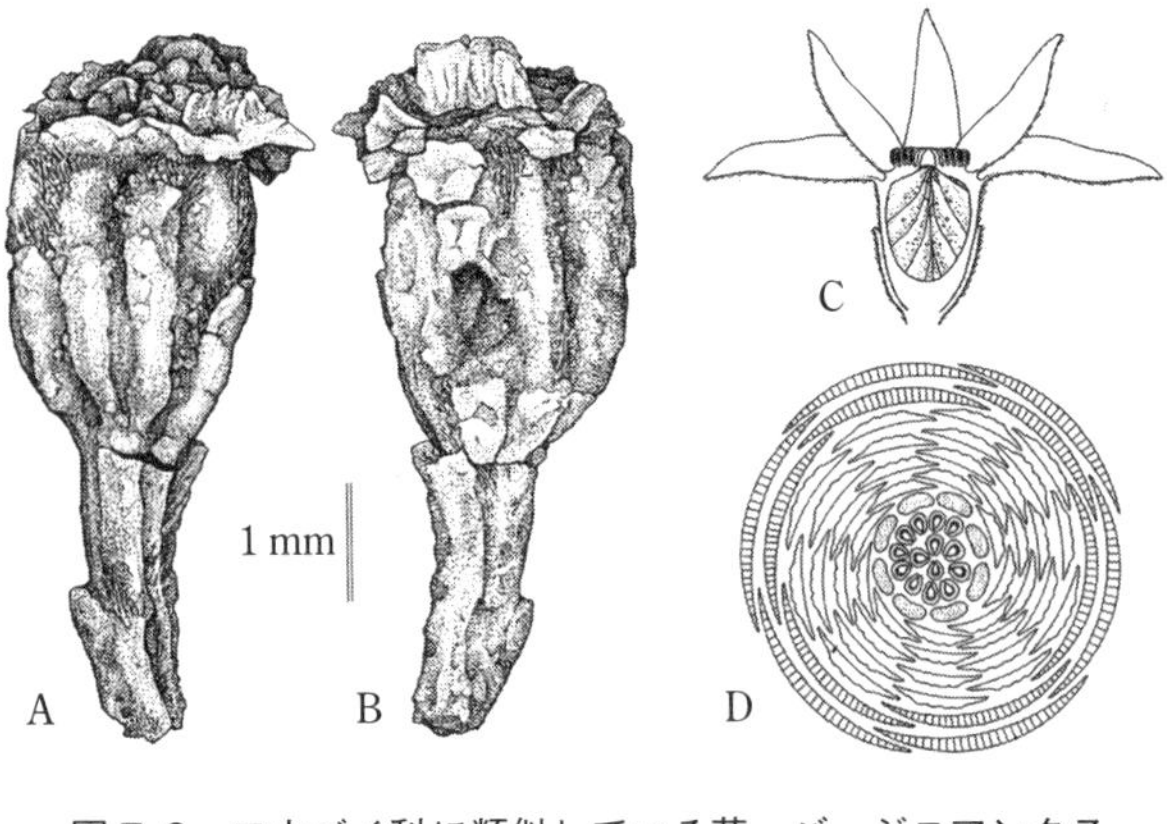

図7·6　ロウバイ科に類似している花　バージニアンタス
（Friis *et al.*, 1994; 2011）

ていますが、現生のロウバイ科植物の、2溝型花粉とは異なっています。ともあれ、ロウバイ科に近い群のメンバーであると考えられています（図7・6）。

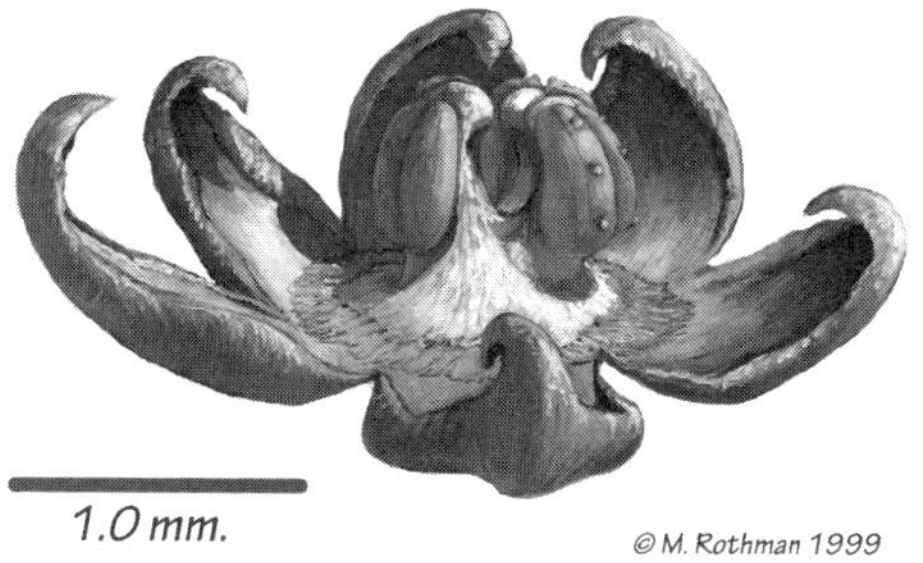

図7·7　単子葉類の花化石　マベリア
（Gandolfo *et al.*, 2002; Crepet *et al.*, 2004; ©Michael Rothman）

6　単子葉類の花化石

単子葉類は、被子植物の中で、主要な系統群の一つであり、分子系統的に原始的な被子植物群の次に分岐してくる単系統群です。単子葉類は、単溝型花粉をもつことが特徴の一つですが、単溝型花粉は、原始的被子植物群にもみられますので、単溝型花粉が発見されたからといっても、単子葉群植物の証拠とはなりません。そのために、単子葉群の最古の植物化石は？と問われても、現在、あいまいな答えしかだせないのが現状です。単子葉類の花化石が、アメリカのニュージャージー州のチューロニアン期の地層から発見されていますので、この花化石について紹介しましょう（図7・7）。ガンドルフォ氏らによって発見されたこの花化石は、マベリア属と発表されました。これは、直径が1.8～2.7ミリと非常に小さく、6数性の放射相称の単性の花化石でした。花被片は三角形をしていて、その内側に3本の雄しべがついており、その両脇にはひだ状の突起体がついているという特徴がみられます。雌の花化石は発見されていませんが、この花化石は、ホンゴウソウ科に近縁な花化石と考えられています（図7・7）。ただし、現生のホンゴウソウ科の花粉が無口型であるのに対して、マベリア属の花粉は単溝型であることから、ホンゴウソウ科との類縁性を疑問視する見解もあります。単子葉植物の保存性のよい花化石であることには間違いがなさそうです。

その他にも、ポルトガルの前期白亜紀の地層から、単子葉群のオモダカ科やサトイモ科に関連のある花化石が発見されています。では、次に、真正双子葉類の花化石の話をしましょう。すでに、6章で、日本の白亜紀から発見された真正双子葉類のヤマグルマ科の花化石については述べていますので、それ以外の真正双子葉類の花化石について紹介します。

7 キンポウゲ目の花化石

キンポウゲ目とは、フサザクラ科、ケシ科、メギ科やキンポウゲ科から構成されており、真正双子葉類の中で、原始的な分類群です。ポルトガルの後期アプチアン期～前期アルビアン期の地

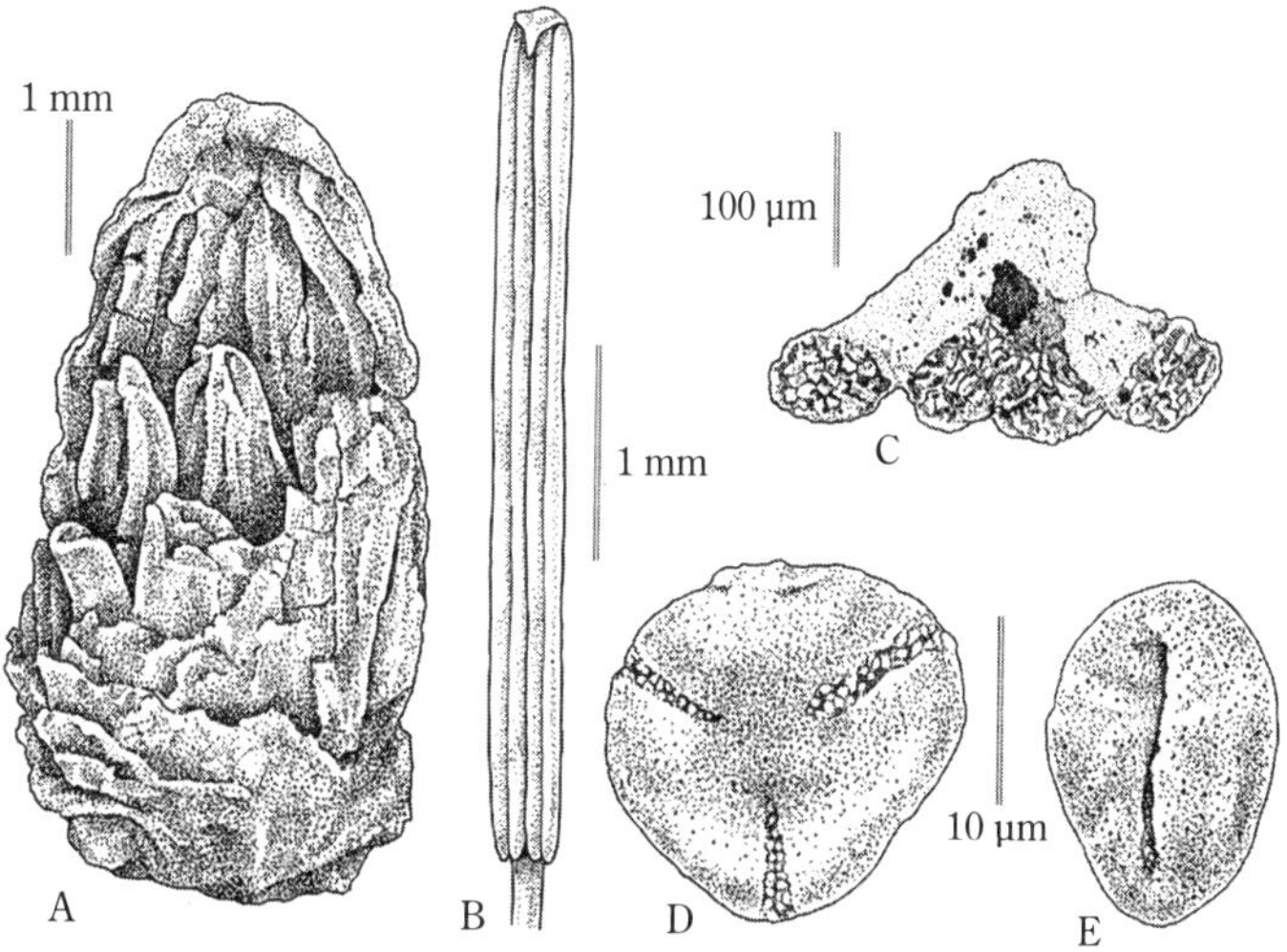

図7·8　キンポウゲ目の花化石　テイクシエアリア
A：全体像、B：雄しべ、C：葯の断面、DE：花粉
（von Balthazar *et al.*, 2005; Friis *et al.*, 2011）

層から、キンポウゲ目の雄花の化石が発見されています（図7·8）。花被や雄しべは、ラセン配列です。16本の雄しべがついていました。この花化石は、キンポウゲ目のいくつかの科と共通した特徴をもっており、おそらく、キンポウゲ目の基幹群に位置している花化石と考えられます。前期白亜紀の後半の地層から発見されたこの花化石によって、この年代に真正双子葉類の進化が始まったことが示唆されています（図7·8）。

8 スズカケノキ科の花化石

現生のスズカケノキ科植物は、別名プラタナスとも呼ばれ、風媒花植物であり、花は小さく、雄花と雌花が別である単性花で、約3センチの球状の頭状花序を枝からぶら下げています。頭状花序が垂れ下がっている姿が、鈴がぶらさがっているようにみえるので、スズカケノキと呼ばれており、街路樹として広く植えられています。別名「ヒポクラテスの木」と呼ばれている植物も、スズカケノキ科植物です。

スズカケノキ科の花化石は、アルビアン期以降から後期白亜紀にかけて、比較的多く、アメリカやヨーロッパから出現しています。その中から、アメリカのノースカロライナ州とスウェーデンの後期白亜期の地層から発見されたプラタナンタスという花化石を紹介しましょう(図7・9)。

この花化石の花序は、数ミリとたいへん小さく、雄花は、4数性の放射相称花で、4枚の花被片と4本の雄しべがあり、内側に曲がっています。雌花も同様に、4数性の放射相称花で、4枚の花被片が2輪あり、雌しべは、8枚の離生心皮が輪生しています。白亜紀のスズカケノキ科は、現生のスズカケノキに比べて、大きさが10分の1にも満たない小さい花序をつけていたことになります。これらの白亜紀のスズカケノキ科植物は、虫媒花植物だったと考えられています(図7・9)。

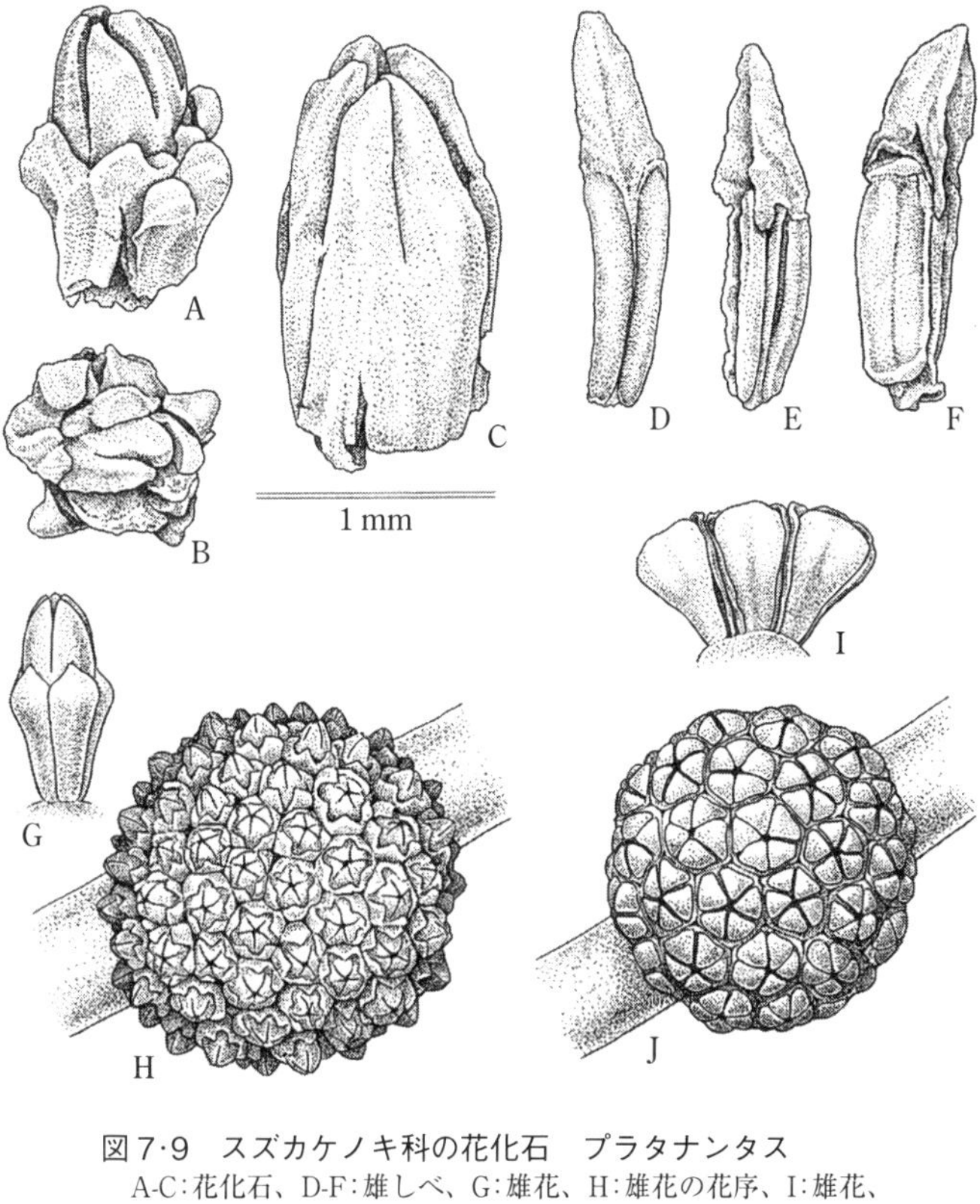

図7･9　スズカケノキ科の花化石　プラタナンタス
A-C：花化石、D-F：雄しべ、G：雄花、H：雄花の花序、I：雄花、
J：雄花の花序　(Friis *et al.*, 2011)

9　カタバミ目の花化石

カタバミ目は、ホルトノキ科やカタバミ科など、主に南半球に分布する7科2000種からなっています。

スウェーデンの後期白亜紀（後期サントニアン期～前期カンパニアン期）の地層から、3～4ミリの長さの4数性の放射相称花の花化石が発見されています（図7・10）。4枚のがく片と4枚の花弁が輪生しており、その内側に2輪の4本の雄しべがついてます。子房は4室からなり、多くの胚珠を含んでいます。雄しべの基部には蜜腺がありました。この花化石の多くの胚珠の付き方などの特徴から、現在は、ニューカレドニアに分布しているカタバミ目のクノニア科に含まれると考えられています。（図7・10）

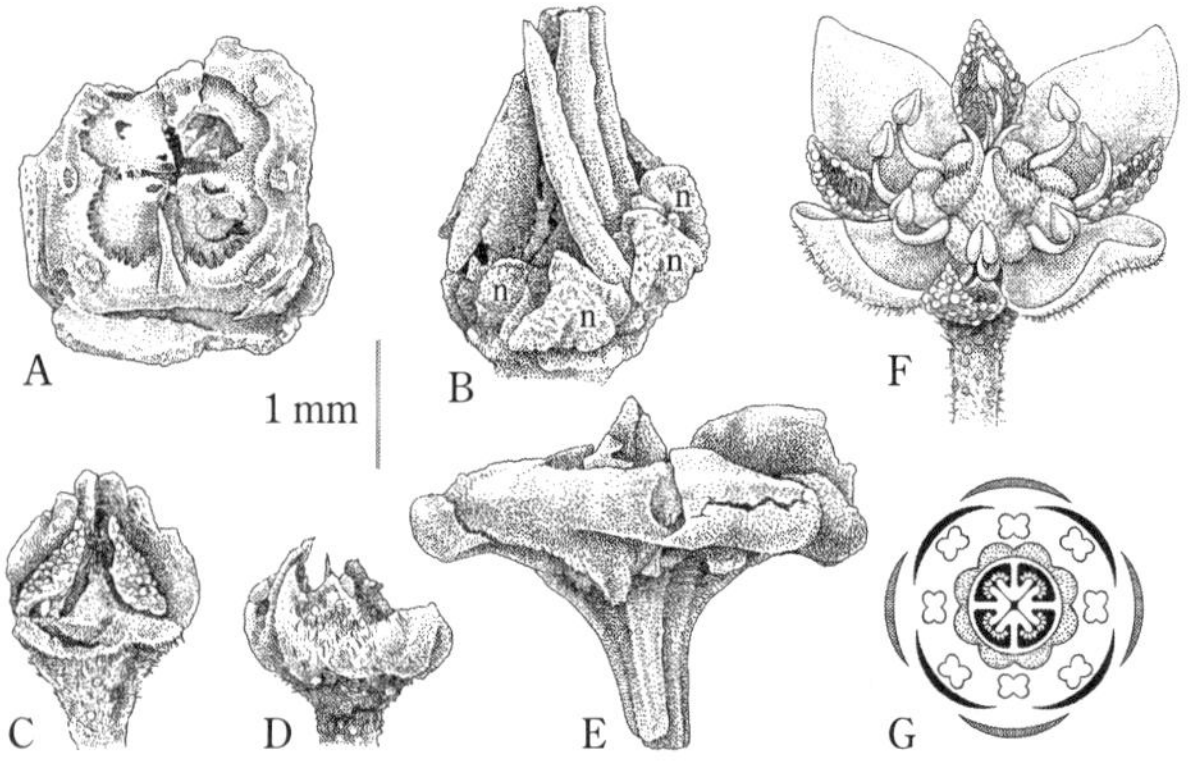

図7·10　カタバミ目の花化石　プラチデスカス
A-E：花化石、F：再構築図、G：花式図、n：蜜腺（Friis *et al.*, 2006; Schönenberger *et al.*, 2001）

10 ブナ科の花化石

現生のブナ科は、常緑性、または落葉性の高木であり、温帯から亜熱帯にまで広く分布しています。日本ではシイとカシの仲間が常緑広葉樹林をつくり、ブナやミズナラが落葉広葉樹林をつくっています。ブナ科は、主に風媒花植物であり、小さい花を尾状に咲かせ、ドングリをつくる植物です。

ブナ科の花化石が、後期白亜紀の地層から発見されていますので、すでに、後期白亜紀に、ブナ科が分化していたものと思われます。ジョージア州のサントニアン期の地層から、ブナ科の雄花の花序の化石が発見されています（図7・11）。

花序についている花の数は、7個が多いのですが、時には、5個とか、3個もあります。花の花柄はなく、長さは1ミリ以下であり、3枚の花被片が2輪あり、6本の雄しべが2輪になってついています。雄しべは、葯と花糸とが明確に区別できる構造になっています。雄花についていた同じ種類の花粉が、小さな三角形の果実についていたことから、同一種の雌花であることがわかりました。この1ミリ位の果実は、三角形またはレンズ形をしており、先端に花被片がついているので、子房下位の花であると考えられています。この花化石は、現生のクリの仲間に似ていますが、現生のクリとは、花の大きさや花粉形態が異なっています（図7・11）。

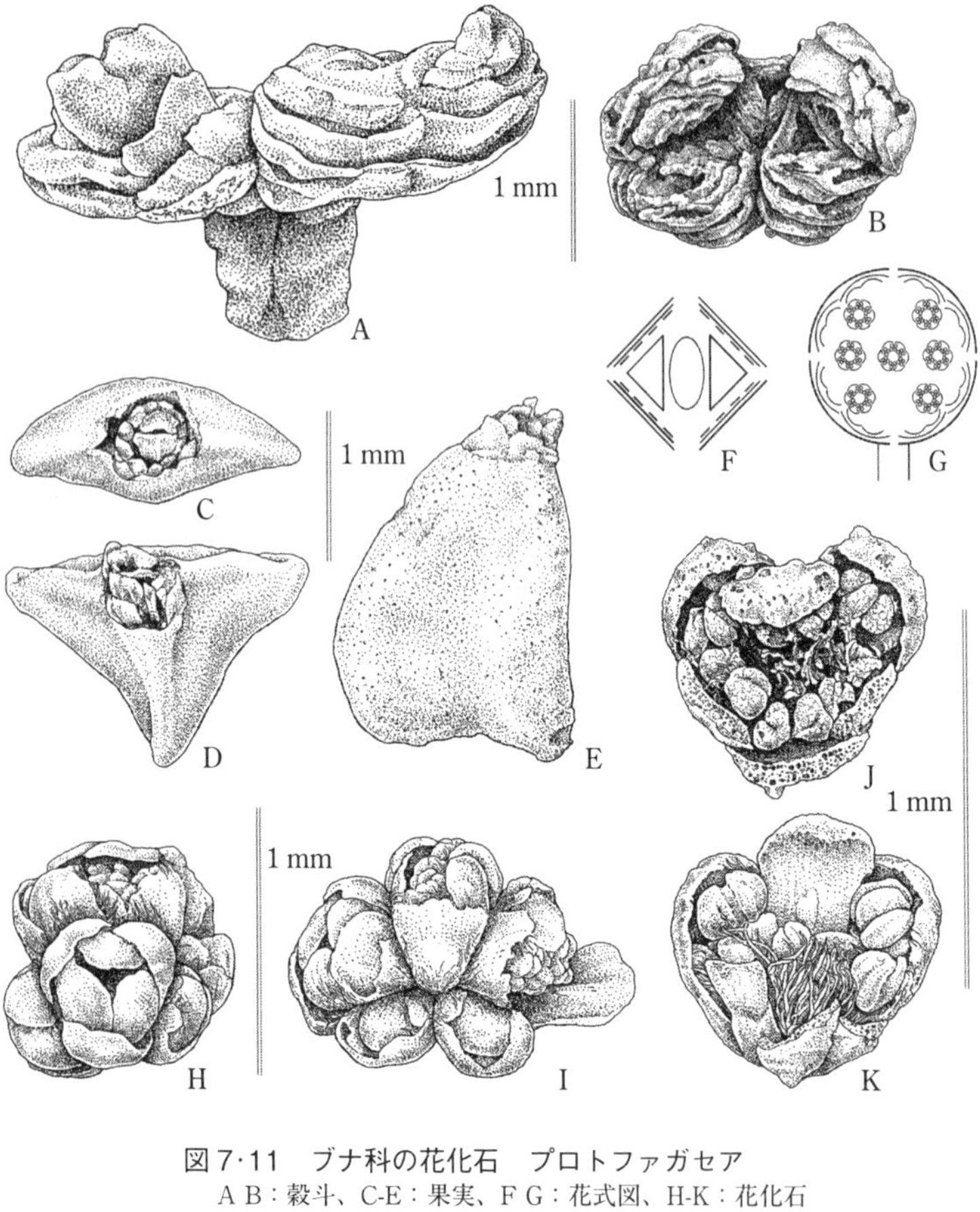

図7·11　ブナ科の花化石　プロトファガセア
A B：殻斗、C-E：果実、F G：花式図、H-K：花化石
（Herendeen *et al.*, 1995; Friis *et al.*, 2011）

11 シクンシ科の花化石

すでに、6章で福島県の後期白亜紀の地層から発見されたエスグエリア属の花化石について述べていますが、ポルトガルの後期白亜紀の地層から発見された、エスグエリア属植物の花化石を紹介したいと思います（図7・12）。

エスグエリア属植物とは、絶滅したシクンシ科の花化石と考えられています。現生のシクンシ科は、熱帯から亜熱帯にかけて分布しており、マングローブ林を構成しているヒルギモドキなども含まれています。この花化石は、子房下位で、長さは2.2ミリほどです。5枚の花弁があり、内側に3本の雌しべがあり、外側には5本の雄しべがついています。長い花糸と葯がはっきりと区別されており、子房の周囲には腺毛が覆っており、さらに、子房の表面に腺状突起（腺毛）が縦に配列しているという特徴がみられます。子房の上部に雄しべがついていますので、子房下位の植物であることがわかります。雌しべの先端が3本に分かれていることが、現生のシクンシ科植物とは異なっています（図7・12）。福島県の上北迫植物化石群から発見された花化石とは、腺毛の配列状態や大きさで異なっていますので、同じエスグエリア属の別種として扱われています。

現在では、東南アジアなどの熱帯地域に生育しているシクンシ科の花化石が、白亜紀のユーラシア大陸の東西に分布していたことは驚きです。

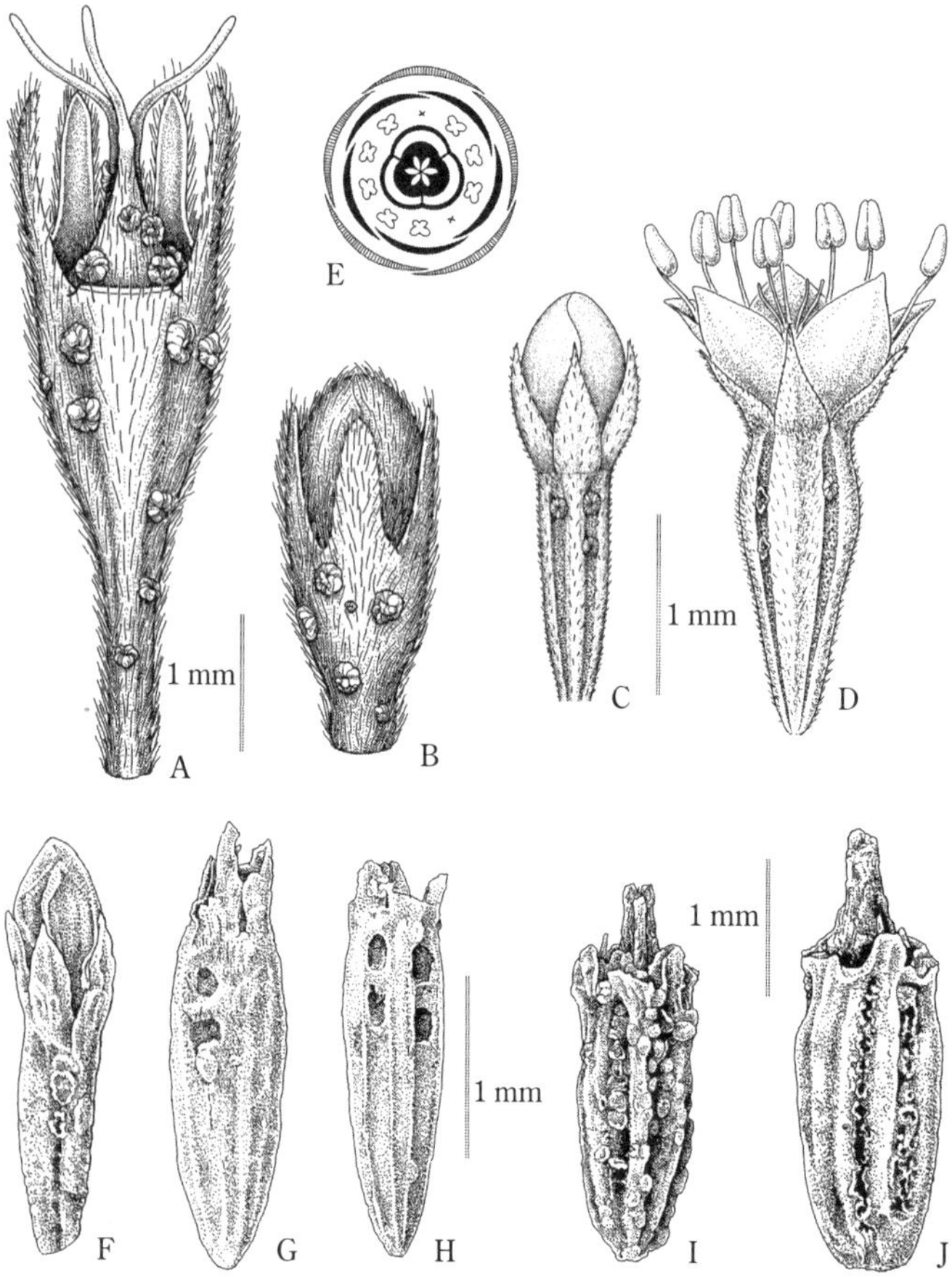

図7·12　シクンシ科の花化石　エスグエリア

A-D：再構築図、E：花式図、F-H：花化石、I-J：福島県上北迫植物化石群から発見したエスグエリア

(Friis *et al*., 1992; 2006; Takahashi *et al*., 1999)

12 ミズキ目の花化石

日本から発見されたミズキ目の果実化石については、8章で詳しく紹介しますが、ここでは、アメリカのニュージャージー州のチューロニアン期の地層から発見された、小さな半下位子房の両性花の花化石を紹介しましょう（図7・13）。この花化石には、1.2ミリの花柄があり、5枚のガク片がありますが、花弁は離脱していると考えられています。5本の短い雄しべと5本の花糸だけの構造物が輪生しています。雄しべは、葯と花糸に

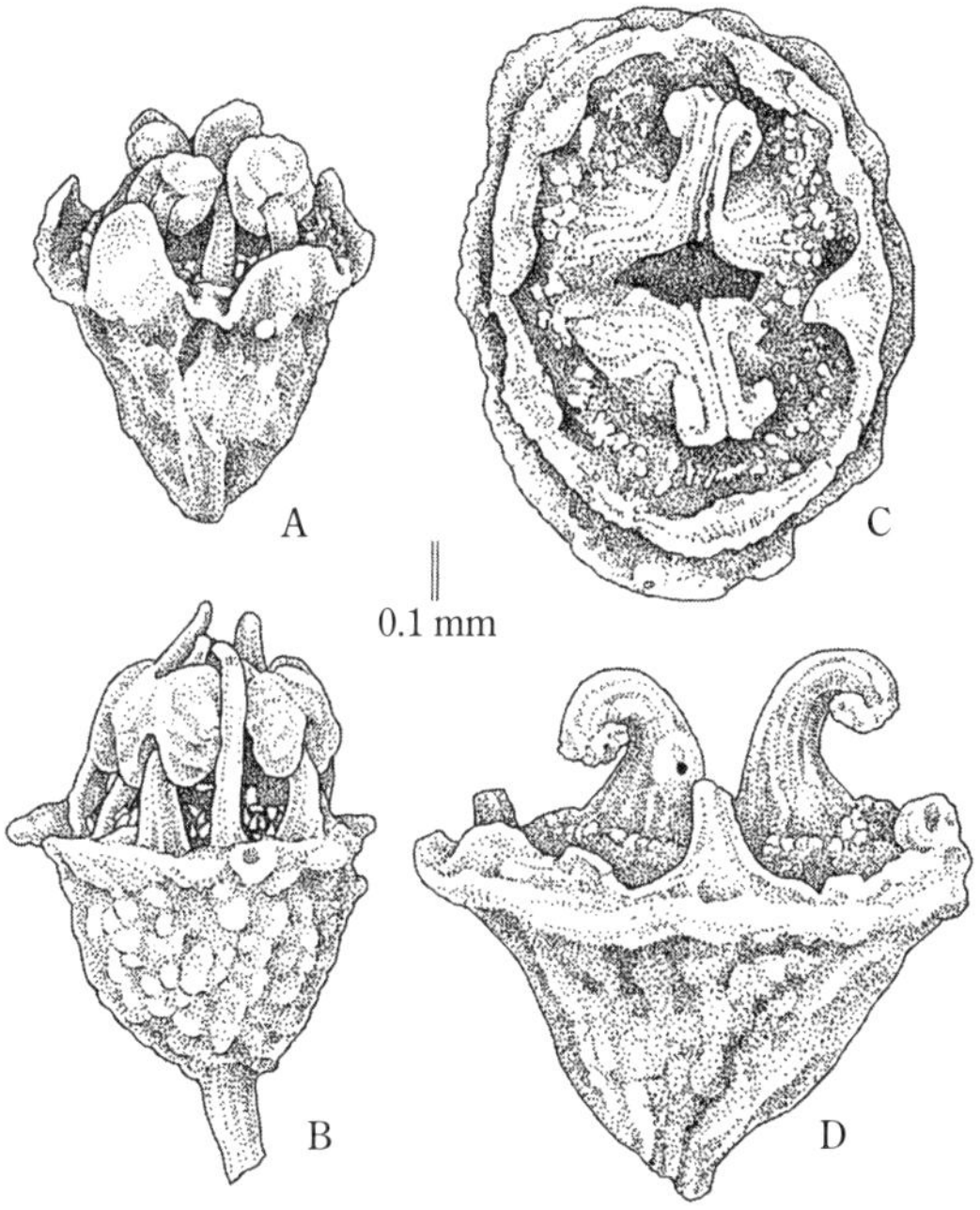

図7·13　ミズキ目の花化石　テレリアンタス
A-D：花化石（Gandolfo *et al.*, 1998; Friis *et al.*, 2011）

はっきりと区別できます。雄しべの内側には蜜腺があり、雌しべは2心皮性で2室あり、複数個の胚珠が入っています。テレリアンタスと名づけられたこの花化石は、アジサイ科と近縁とも考えられていますが、ユキノシタ目のスグリ科と関連していると考えられるようになってきました（図7・13）。

13 ツツジ目の花化石

ツツジ目は、サクラソウ科やツバキ科を含んでいる大きな分類群で、被子植物の中で、より進化した分類群の一つです。ツツジ目に関連のある花化石が、ヨーロッパや北米の後期白亜紀の地層から、数多く発見されています。その中から、スウェーデンのサントニアン期〜カンパニアン期の地層から発見されたパラディィナンドラという花化石を紹介しましょう。

この花化石は、3.5ミリの長さがあり、1.2ミリの幅の5数性の花です。5枚のガク片があり、5枚の花弁が筒状をなしています。15本の雄しべをつけ、花糸と葯がはっきりと区別され、花糸の基部は互いに合着し、さらに、花弁に合着しており、合弁花植物に進化しつつあったことがわかります。雄しべは、外側に5本あり、内側に10本あります。雌しべは、3心皮が合着しており、3本の花柱を伸ばしています。

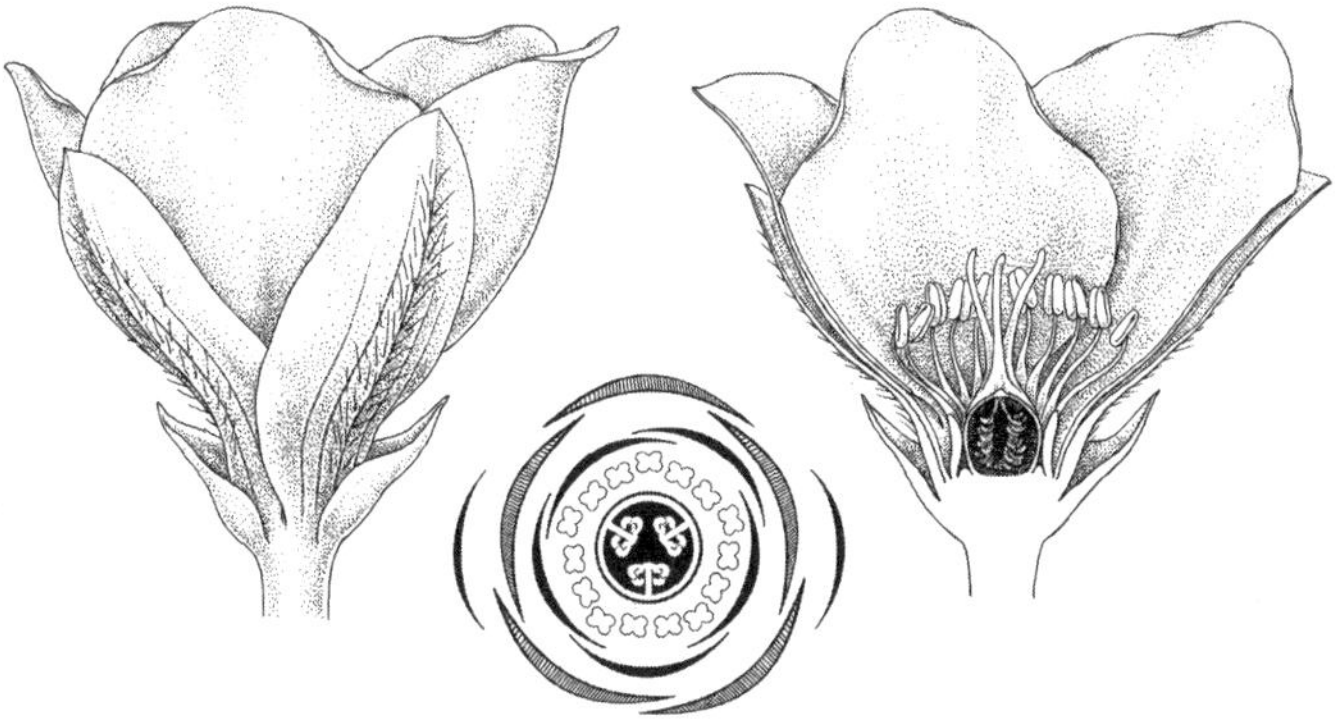

図 7·14　ツツジ目の花化石　パラディナンドラ
再構築図と花式図　　(Schönenberger, 2005)

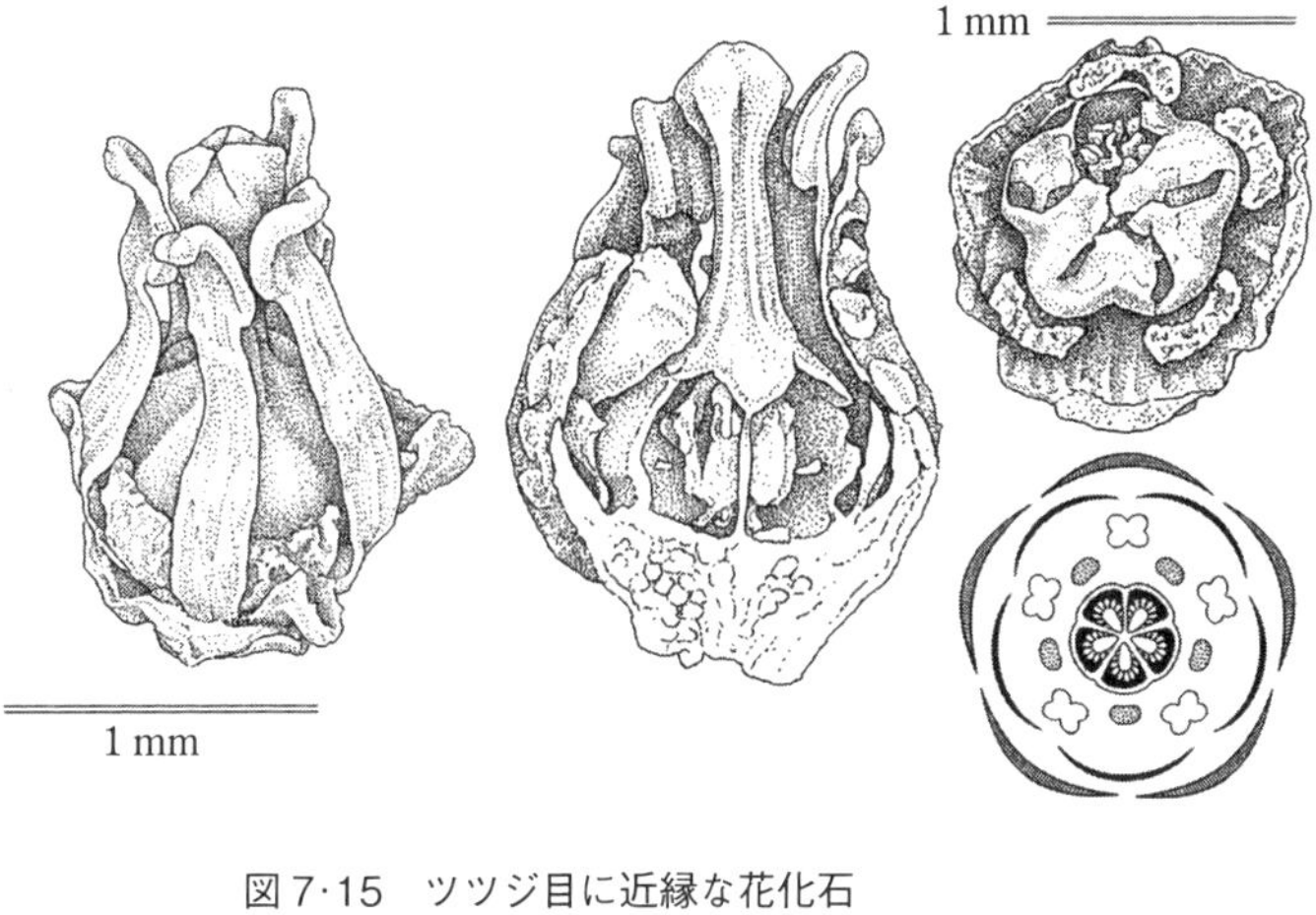

図 7·15　ツツジ目に近縁な花化石
全体像と花式図 (Crepet, 1996; Friis *et al.*, 2011)

パラディナンドラ属が、ツツジ目植物であることは明らかなのですが、現生のツツジ目の中のどの科に属しているのかを特定することはできていません。おそらく、ツツジ目の基部で分化した花化石ではないかと考えられています（図7・14）。

さらに、ニュージャージー州のチューロニアン期の地層から、長さが2～3ミリの放射相称の両性花のツバキ目の花化石が発見されています。この花化石は、5数性であり、子房上位です。ガク片の内側に腺体があり、花弁はかぎづめ状になっています。雄しべは5本あり、交互に蜜腺があります。雌しべは5心皮性で、柱頭が発達しています。子房の中には、多くの種子ができています（図7・15）。

この花化石は、ツツジ目に関連性のある花化石であることは確かなのですが、パラディナンドラ属と同様に、現生のどの科に近いのかを特定することができません。ツツジ目の中の現生の科が分化する前の花化石なのかも知れません。

14 マタタビ科に近縁な花化石

猫が大好きなマタタビや果物のキウイフルーツなどは、マタタビ科の植物です。そんなマタタビ科に近縁な花化石が、アメリカ東部のジョージア州のサントニアン期の地層から発見されてい

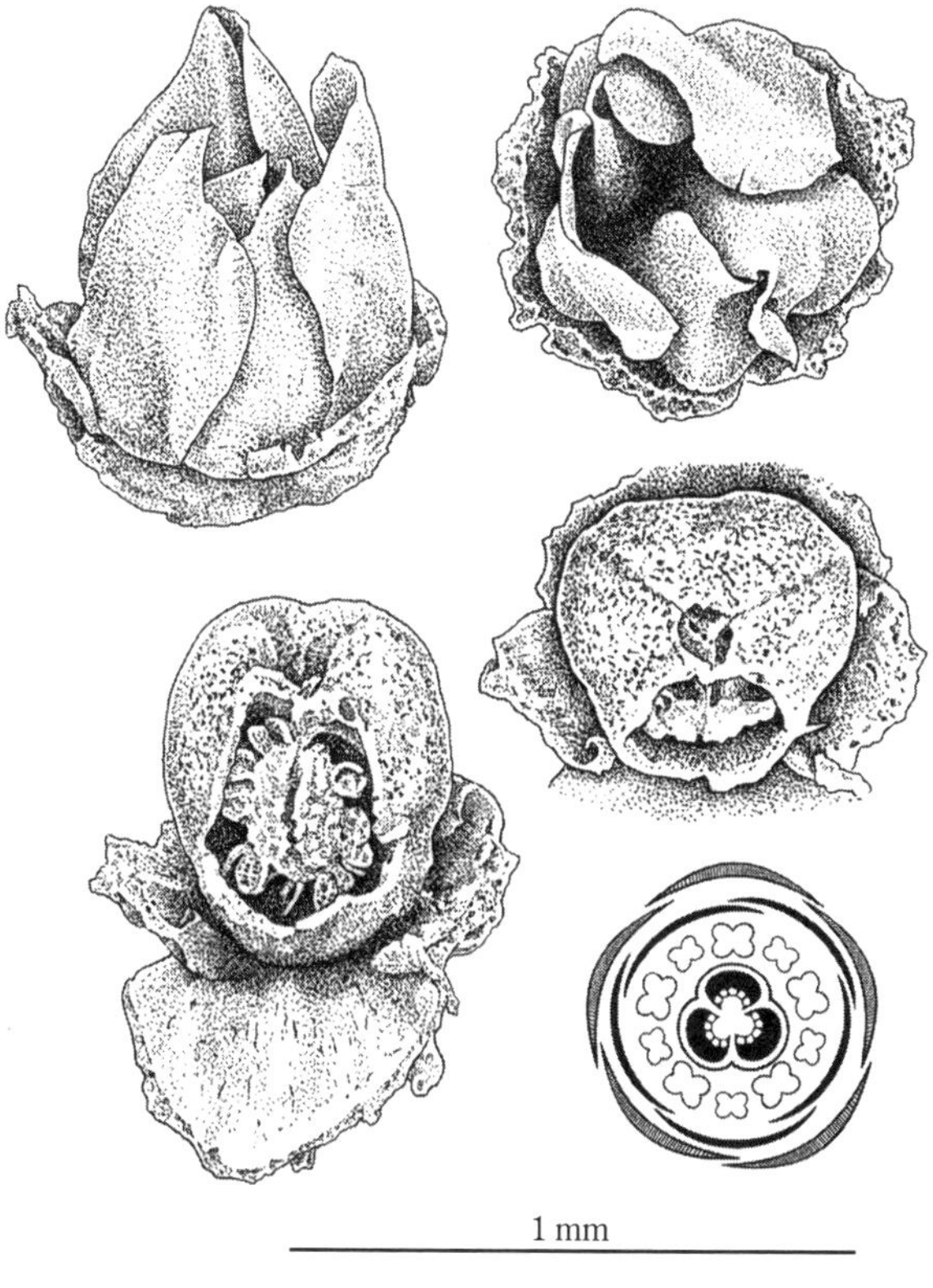

図7·16　マタタビ科に近縁な花化石　パラサウラリア
花化石と花式図（Keller *et al.*, 1996; Friis *et al.*, 2011）

ます。花化石の大きさは、長さが0.7～1.2ミリで、直径が0.5～0.8ミリと非常に小さい、放射相称の両性花の花化石でした。５数性の花被片と５本の雄しべが２輪あり、中央には３枚の合生心皮からなる子房上位の雌しべがあります。ガク片の外側は、剛毛で覆われています。これらの花の特徴は、マタタビ科に近縁な花化石であることを示しており、他のツツジ目植物にも類似している部分があります（図７・16）。

この花化石は、マタタビ科と類似していますが、同時にサラセニア科やリョウブ科とも共通した特徴をもっており、おそらく、かなり古いタイプの花化石であろうと考えられています。

15 キキョウ類の花化石

最後に紹介するのは、被子植物の系統の中で、より進化した群として最後に出現してくるキキョウ類に含まれる花化石です。キキョウ類には、モチノキ目、セリ目、キク目などがあります。フリース氏らによって、スウェーデンの後期白亜紀（後期サントニアン期～前期カンパニアン期）の地層から発見された花化石は、シルビアンテマムと命名されました（図７・17）。

この花化石は、長さが6.2ミリあり、幅が２ミリの両性の放射相称花であり、５数性の花被片をもち、ガク片は５枚あり、さらに５枚の花弁をもっています。雄しべは８～９本あり、葯と花糸

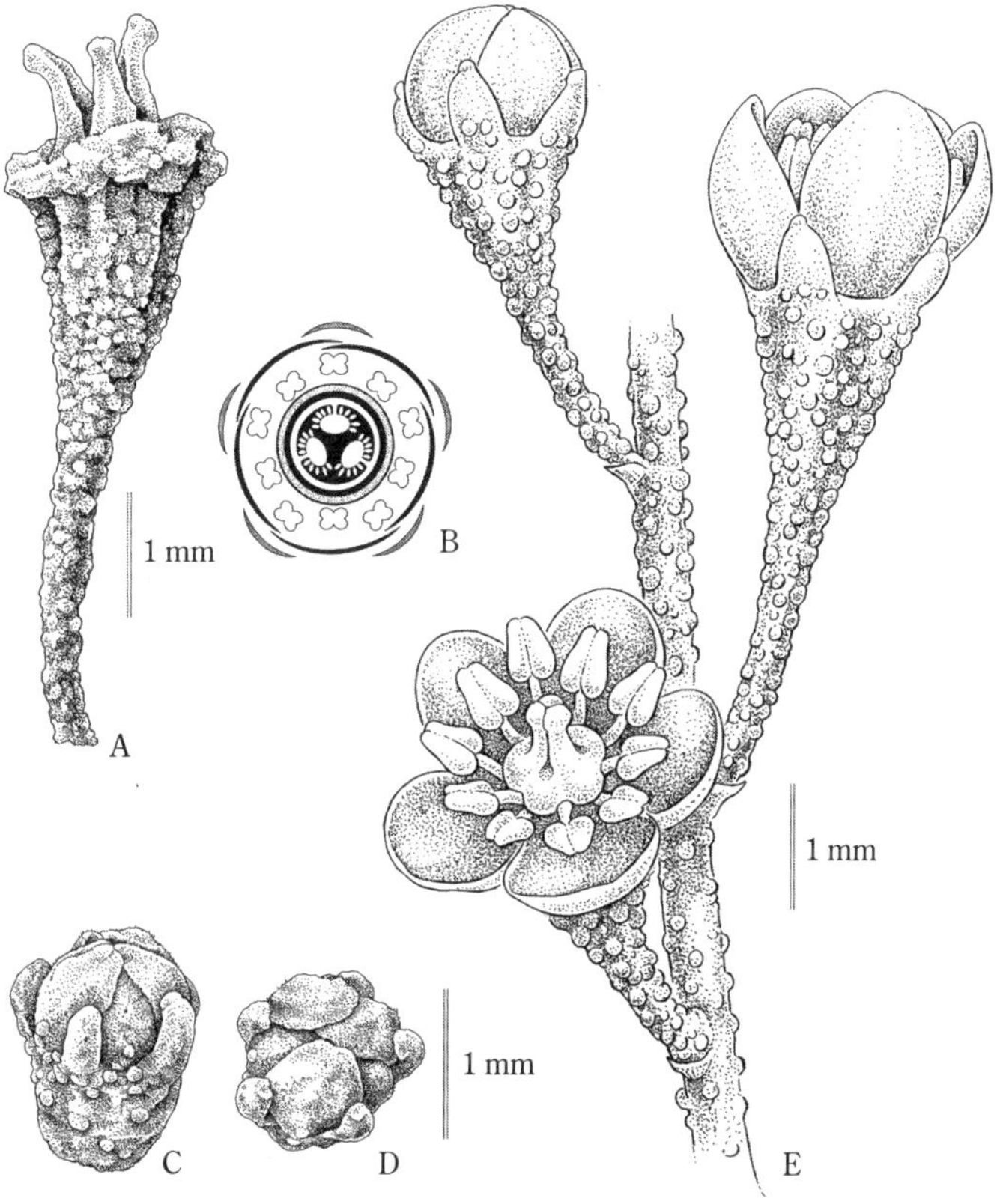

図7·17　キキョウ類の花化石　シルビアンテマム
A：花化石、B：花式図、C D：花化石、E：再構築図
（Friis *et al*., 2006; 2011）

がはっきりと区別され、雌しべは、3心皮性の合生心皮が1室の子房となっています。子房には、多くの胚珠が入っていました。この花化石は、キキョウ類のエスカロニア科に近縁であると考えられていますが、はたして、この花化石がキキョウ類の中のどの科に所属している植物なのか、明らかになっていません（図7・17）。

このように白亜紀の地層から発見される花化石を辿《たど》っていきますと、前期白亜紀では、被子植物の中で、より原始的な系統群が分化しており、より進化した分類群が出現してきたことがわかります。

被子植物は、白亜紀以降、急激な進化を遂げてきたと言われることがありますが、最初に被子植物が出現した年代から、真正双子葉類が出現するまで、少なくとも、1000万年以上の年月がかかっていることになります。被子植物は、決して、急激に進化してきたのではなく、私たちの想像を超える1億3500万年以上もの長い期間にわたって、ゆっくりと長い年月をかけて進化してきたのでしょう。

8章　白亜紀の果実と種子

一般には、美味しい果物のことを果実と呼んでいますが、植物学的には、被子植物の花が咲き終わった後にできる成熟した子房壁（果皮）につつまれた構造のことを果実と呼んでいます。リンゴやビワのような子房下位の花では、子房の下にある花托などの部分が果実になるものもあります。果実には、果皮が乾燥してくる種類（乾果《かんか》）と、水分を多く含む多肉質になる種類（液果）があります。どちらも、果実であることには変わりありません。乾果には、成熟すると裂開するタイプ（裂開果）と裂開しないタイプ（閉果）があり、液果には、漿果《しょうか》や核果《かくか》があります。エンドウの莢（豆果）は果実ですし、稲穂のもみ（頴果《えいか》）も果実ですし、ドングリも果実（堅果《けんか》）です。

種子は、子房の中の胚珠が発達したもので、硬い種皮に包まれています。種子には、子房壁に付いていた部分の跡の臍《へそ》がついています。種子と果実は、ときに間違われることがありますが、雌しべの柱頭の痕跡があれば果実ですし、臍があれば種子であることがわかります。

白亜紀には、かなり小さい花が咲いていたことを、すでに、7章で述べましたが、果実や種子も、現生の被子植物に比べて、かなり小さいです。なぜ、白亜紀の花や果実が小さいのか、その理由はわかりませんが、初期段階の被子植物は、小さい花と果実をつけているものが多かったようです。

では、白亜紀の地層から発見された被子植物の果実や種子をいくつか紹介しましょう。

1　スイレン目の種子化石

福島県のいわき市の極楽沢という小さな渓流沿いに、上北迫植物化石群が発見された地層よりも新しい地質年代の前期サントニアン期の玉山層という地層があります。

この地層から、スイレン目の多数の約1ミリの卵形の種子化石を発見しました（図8・1）。臍のところから背線がはいっており、その近くに珠孔《しゅこう》があります。珠孔には、蓋《ふた》がついています。種子には、顕著な掌状パターンの表面模様がみられます。この種子の表面模様は、現生のジュンサイの種子葉面に類似していますが、ジュンサイの臍や珠孔の形態と異なっています。スイレン目

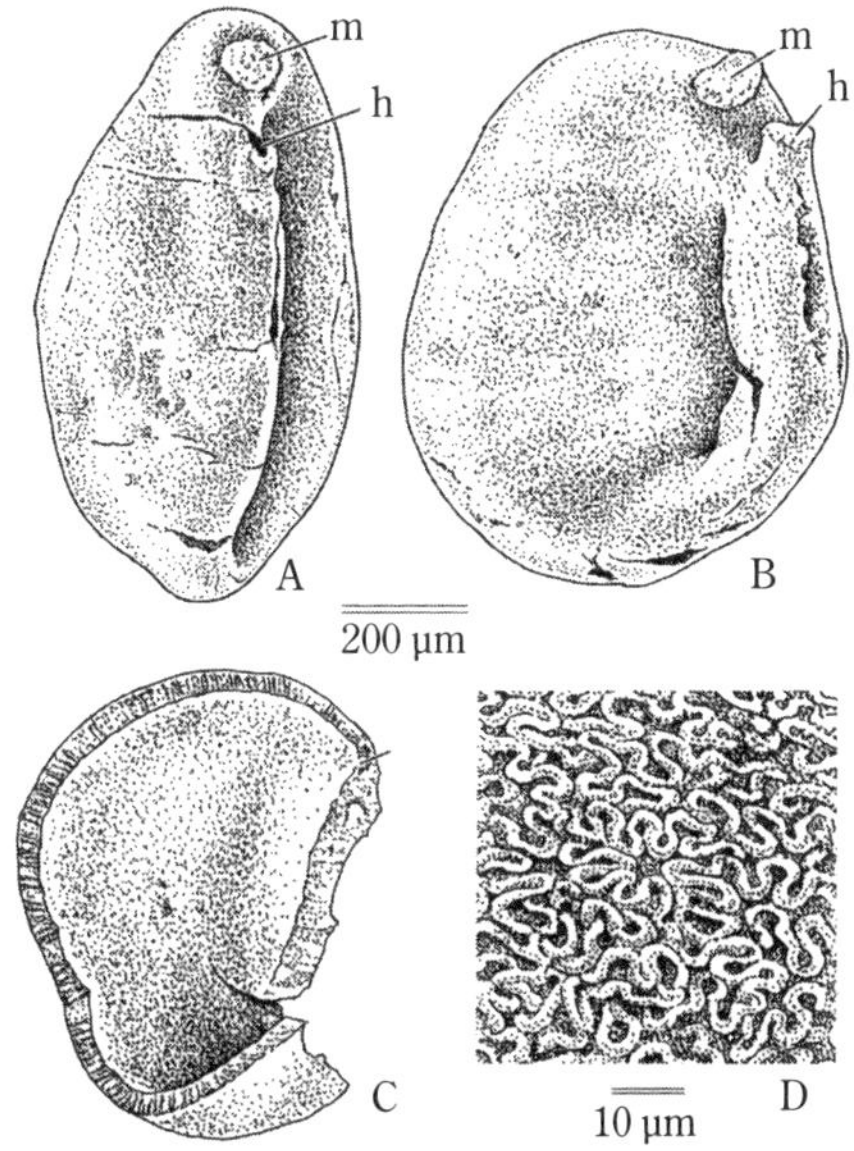

図8·1　福島県いわき市の玉山層から発見したスイレン目の種子化石

A B：種子化石。m：臍、h：珠孔、C：割れた種子化石、D：種子の表面

（Takahashi *et al.*, 2007）

の種子化石であることは、はっきりしています。

スイレン目植物は、被子植物の最も原始的な系統群の一つです。7章で示したように、ポルトガルの前期白亜紀の地層からも、良好に保存されているスイレン目の花化石が発見されており、すでに前期白亜紀には出現していたと思われます。水辺に咲く水生の被子植物は、被子植物の進化史のかなり早い段階で分化していたと考えられています。

2 モクレン科の種子化石

中央アジアや北アメリカの後期白亜紀の地層から、モクレン科のユリノキ属に類似している種子化石が発見されています（図8・2）。特徴的な臍の形や種皮の構造は、現生のユリノキ属の種子に類似していますが、現生のユリノキの種子が4～5センチもあるのに比べ、化石種子の大きさは、わずかに1～3ミリの小ささです。しかも、現生のユリノキの種子には翼《よく》がついていますが、白亜紀の種子化石には、まれに翼のあるものも見つかるものの、ほとんどのものには翼がついていません。

アメリカのコロラド州の後期アルビアン期～前期セノマニアン期の地層からも、現生のモクレン科植物に類似している花化石（果実化石）であるアーキアンタスが発見されています。この花化石も現生のユリノキ属植物に近縁と考えられています。真正モクレン綱も、比較的、初期の進化段階で分化してきた群であることを示しています。

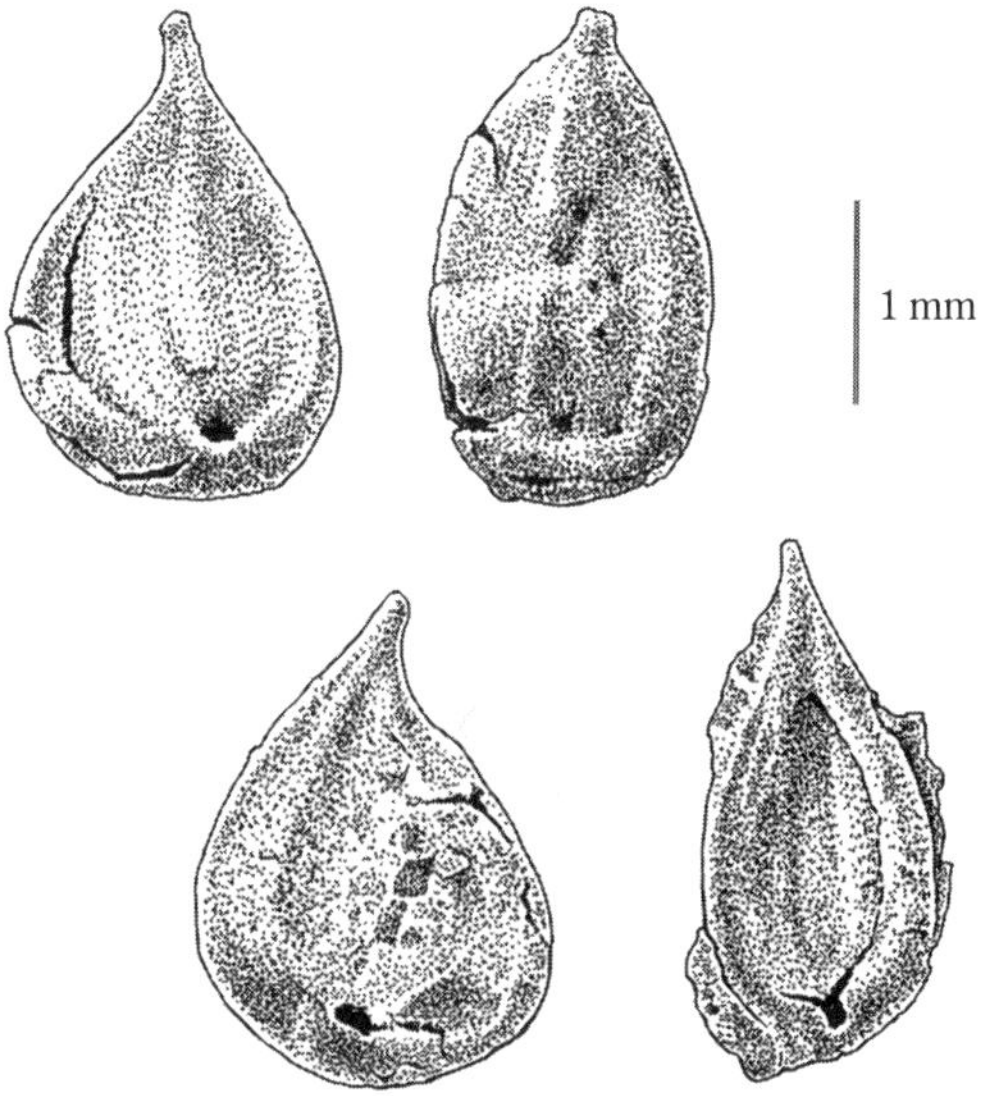

図8·2　カザフスタンの後期白亜紀の地層から発見されたモクレン科の種子化石リリオデンドラオイデア
（Frumin and Friis, 1999; Friis *et al.*, 2011）

3 ブナ目の果実化石

アメリカのジョージア州のサントニアン期の地層から、ブナ目に近縁な約4ミリの果実化石が発見されています。3枚の合生心皮からなる果実は、三角形に角ばっており、子房下位で、3個の子房室があり、それぞれの子房室に2個の種子が入っています。果実の先端には、柱頭や雄しべや花被の痕跡が残っています。その痕跡から、3枚の花被が2輪配列しており、6個の雄しべが2輪あることがわかります。この果実化石はブナ科に類似していますが、ナンキョクブナ科とも類似している点があり、どちらの科に所属しているのか、明確に決めることができません。

筆者は日本の上北迫植物化石群からも、ブナ目の果実化石を発見しています（図8・3）。この果実化石は、アメリカで発見されたブナ目の果実化石よりも小さく、2.5ミリのサイズで、アーキファガセアと命名しました。やはり、果実化石は3枚の合生心皮からできており、三角形に角ばっており、子房下位です。各子房室に1個の種子が入っていることが、ジョージア州で発見された果実化石とは異なっています。果実の先端についている花被片や雄しべの痕跡から、6枚の小さい花被と6本の雄しべがついていたことがわかります（図8・3）。これらの果実化石は、まだ、ブナ科が分岐する前の段階の化石であると考えられています。

4　ミズキ科の果実化石

福島県広野町の上北迫植物化石群から、ミズキ科（広義）の世界最古の果実化石を発見しました（図8・4）。この小型化石は、発見した町である広野町の名前にちなんで、ヒロノイアと命名

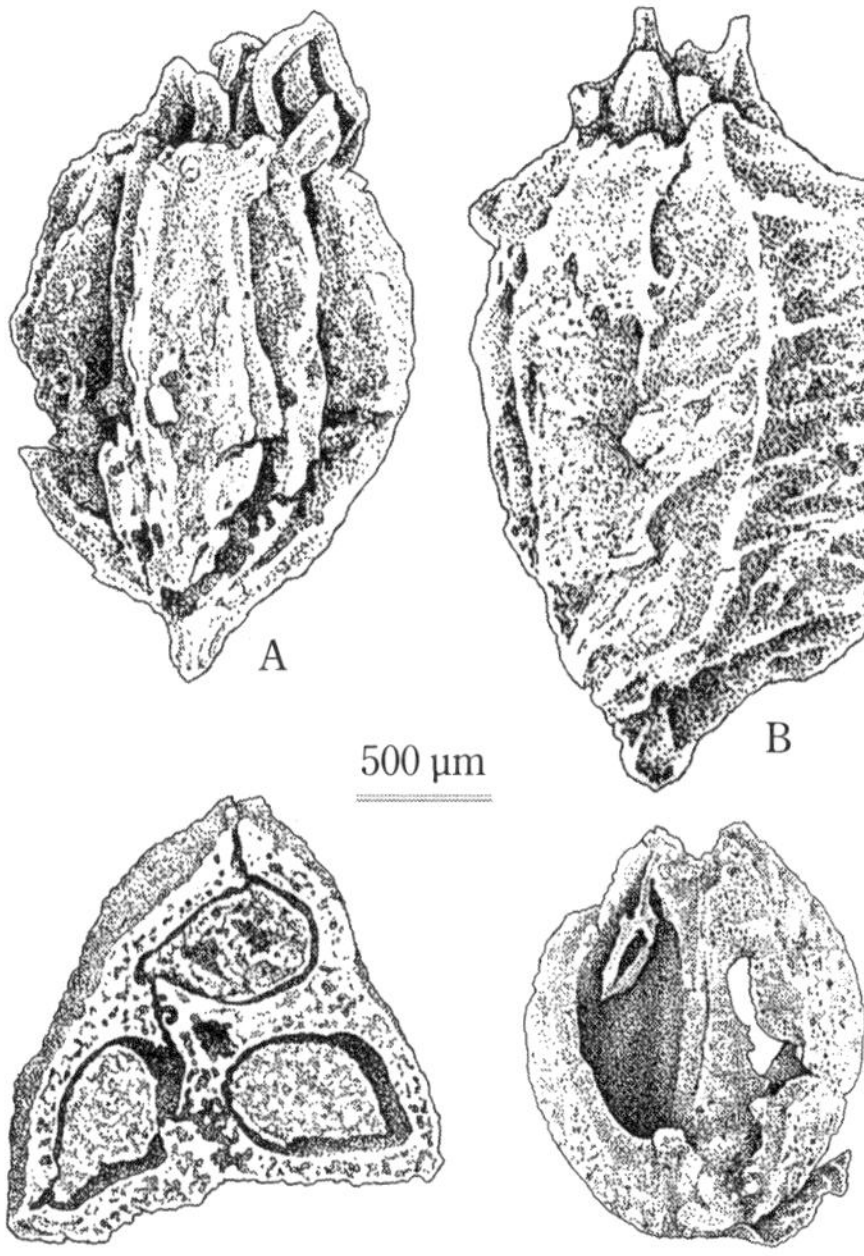

図8·3　福島県上北迫植物化石群から発見したブナ目の果実化石　アーキファガセア
(Takahashi *et al.*, 2002)

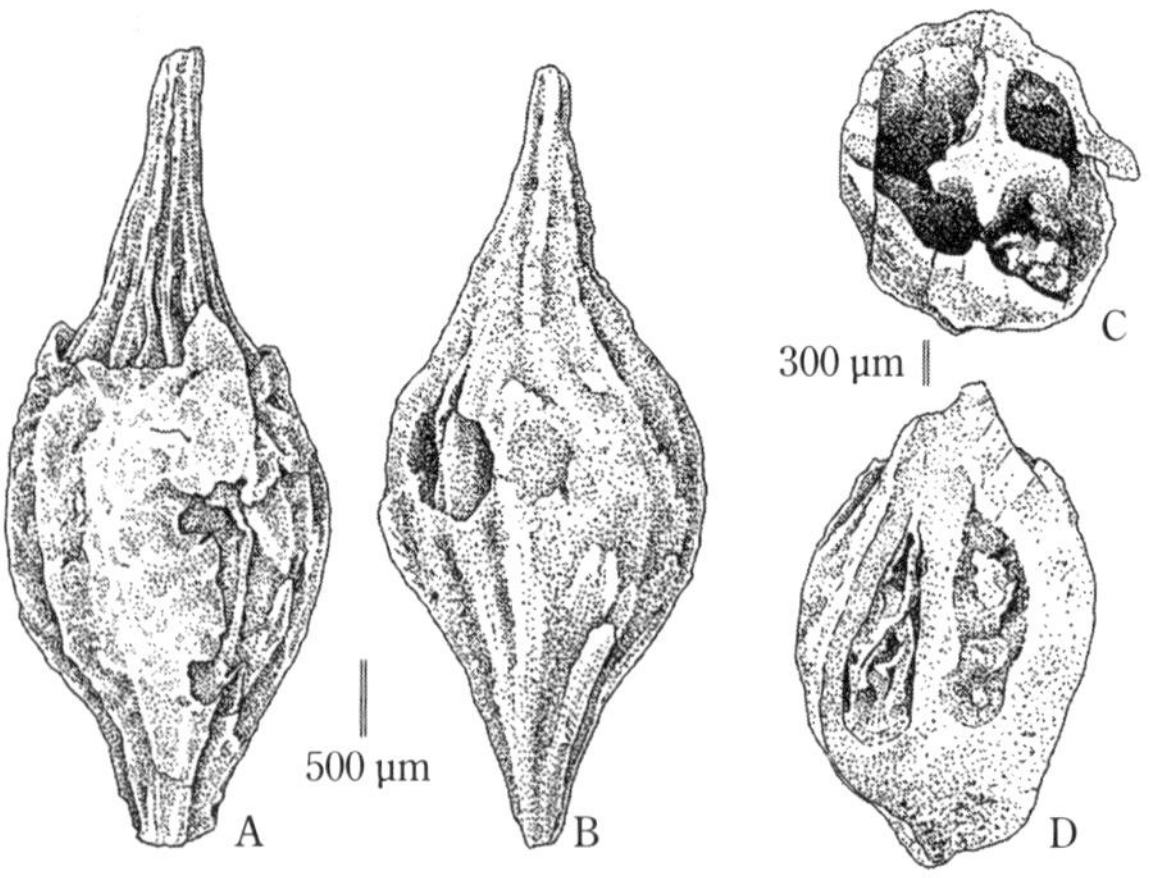

図8·4　福島県上北迫植物化石群から発見したミズキ科の果実化石　ヒロノイア
ＡＢ：全体像、ＣＤ：断面像（Takahashi *et al.*, 2008a）

しました。果実化石は、長さが４～６ミリの紡錘形で、３～４室からなる合生心皮からできています。花柱は合着して１本からなり、先端は細く尖っています。それぞれの子房室に１個の種子が入っています。

ミズキ目とは、ハナミズキや高山植物のゴゼンタチバナで知られているミズキ科植物やアジサイの仲間の植物で、系統的には進化した群に入っています。現生のミズキ科よりも小さい果実をつけていたヒロノイアは、ヌマミズキ属により近縁であり、ハンカチノキやヌマミズキなどの祖先植物と考えられています。ヒロノイアは、ミズキ目の中で最も古い化石データであり、バラ綱の初期分化群の最少分岐年代が８９００万年前であることを示しています。

5　ツツジ目に近縁な果実の化石

スウェーデンの後期サントニアン期～前期カンパニアン期の地層から、長さ3.5ミリ、幅1.2ミリの花が発見されました（図8・5）。5枚の厚いガク片と5枚の花弁があり、花弁の基部は合着しています。15本の雄しべをもち、花糸の基部で合着しており、さらに花冠の基部にくっついています。雌しべは3心皮性であり、合生していて、細長い3本の花糸が子房の先についています。

この果実化石は、パラディナンドラと命名され、ツツジ科に近縁な白亜紀の果実化石であると考えられています（図8・5）。

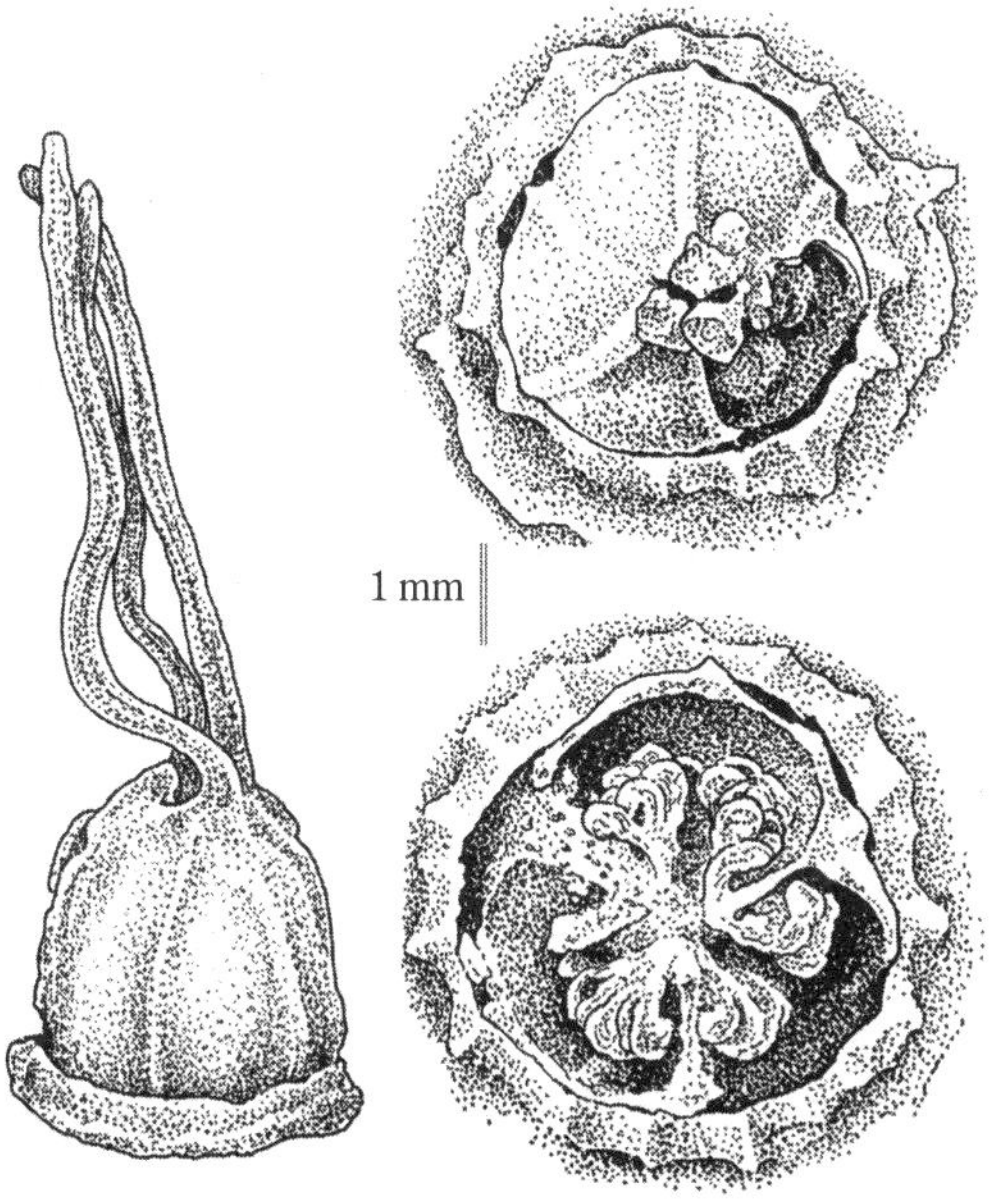

図8·5　ツツジ目に近縁な果実化石　パラディナンドラ
(Schönenberger *et al.*, 2001)

これまで見てきたように、白亜紀の被子植物の果実や種子も、現生の植物に比べてみると、かなり小さかったことがわかります。10章でも触れますが、現生の被子植物の果実は、種子分散のための重要な役割を果たすように、多様に進化してきています。白亜紀には、鳥類も哺乳類も少なかったし、被食型の種子分散ができる被子植物は、まだ出現していなかったのかも知れません。

9章　花の進化傾向

白亜紀における被子植物の花の進化をめぐって、「初めの頃の花は、どんな大きさなのですか？」とか、「虫媒花が先に進化したのですか？　それとも風媒花が先なのですか？」あるいは、「最初の花は、両性花と雌雄異花のどっちなのでしょうか？」といった質問をうけることがあります。

1章でもふれていますが、従来のモクレン説（真花説）では、原始的な花というのは、モクレン科植物にみられるように、木本性の大型の両性花を頂生して咲かせており、長い花床（花托）の周囲に、多数の花被片と雄しべ、雌しべ（心皮）がラセン状に配列していると考えられていました。進化するにしたがって、花床が短くなり、大型の両性花から雌雄異花（単性花）となり、少数の花被片に減少し、雄しべの数が減少し輪生状に配列するようになり、雌しべを構成している心皮の数も減少して、互いに合着していくようになっていったと考えられてきました。

そのために、白亜紀の地球の様子を展示している自然博物館では、恐竜と一緒に、大型の白い花を咲かせているモクレン科植物に似た木の模型をおいてあるところがあります。一方で、最近の分子系統学は、現生の被子植物の中で最も原始的な植物は、ニューカレドニアに生育している小さい花を集散花序につけているアンボレラであることをつきとめました。アンボレラは、モクレン科植物の花とは、花の大きさや、花のつき方（花序）など多くの形態的特徴が、かなり違っています。

最近の植物化石の研究は、被子植物の花の進化について、どのような答えを用意できたのでしょうか？

1 原始的な花は、単頂花序ですか？

モクレン説では、1個ずつの花を咲かせる単頂花序が原始的ということになっていました。それに対して、多くの花が集まって花序を形成するタイプを原始的であるという考えもあります。複数の花の集まりである花序にも、花のつきかたの違いで、いろいろな種類の花序があります。

前期白亜紀の地層からの植物化石は、モクレン説と一致せず、初めの頃の被子植物の花は、複数の花が集合してついている花序となっているものが多くみられました。雄しべや雌しべだけで構成されている単性花が穂状に密生している花序や、両性花がラセン状になって穂状花序を形成しているものも発見されています。前期白亜紀末になりますと、穂状花序や、スズカケノキ科のように球形の頭状花序もみられます。クスノキ科植物の花化石は、複合花序となって集合して咲いていました。前期白亜紀末では、アーキアンタス（アルカエアントスともいう）のように単頂花序もみられるようになります。後期白亜紀では、細長い穂状花序や、スズカケノキ科の球形の花序や複合花序とともに、二出集散花序が、ブナ目の化石で見つかっており、バンレイシ科のフタバンタスのように単頂している花もあります。

以上のことから、最も原始的な花は、必ずしも、モクレン科植物のように1個の花が茎の先端に咲く単頂花序ではなく、複数の花の集まりである花序を構成していた可能性が高いと思われます。

2 原始的な花は、両性花ですか？

現生のアンボレラは、雌花と雄花が別の株個体につく雌雄異株ですが、雌花に仮雄しべがついていますので、被子植物の原始的な花は両性花であったとする見解を支持しているようにも見えます。でも、雌雄異株の花は、現生のスイレン目植物にも、マツモ科や真正双子葉類の初期分化群にもみることができます。しかも、前期白亜紀の初期の被子植物化石群にも、両性花と単性花（雌雄異株花）の両方が見つかっています。中国で発見されたアーキフラクタスも、雌花と雄花を別に咲かせています。白亜紀の被子植物は、両性花と単性花のどちらかが多いという傾向はなく、最初から、両性花と単性花（雄花と雌花が別になっている）の両方の花のタイプが共存していたようで、両性花が、必ずしも原始的ということでもなさそうです。

3 原始的な花は、長い花床に、多くの側生器官をラセン状に配列していたのでしょうか？

花の花弁や雄しべや雌しべがついている中央の部分を花床（花托）と呼んでいます。モクレン説によれば、原始的な花は、この花床が軸状に長くなっており、多くの花弁や雄しべ、雌しべなどの側生器官がラセン状についていると見なされてきました。アンボレラなどは、ラセン配列ですが、花床は軸状になっていません。スイレン科では輪生配列しているものも多くみられます。ラセン配列と輪生配列は、元々は、葉のつき方の違いを示していますが、花のように、花床に密に花弁や雄しべがついていると、配列の違いを厳密に区別できなくなる場合もあります。また、被子植物の初期系統群の中にも花の側生器官の数に変異がみられ、花被の大きさや形状は、花の大きさと関係しています。一般に、輪生の側生器官をもつ花は、ある一定の数からできているものが多く、3数性の花とか、5数性の花と呼ばれています。

前期白亜紀の古い年代に、モクレンのような長い軸状の花床をもつ花が最初に現れたということではなく、むしろ、短い花床をつけている花が目立っているようです。また、側生器官のラセン配列の花が優占しているということではなく、ラセン配列の花も、輪生配列の花も出現してきています。長い花床をもつ花が現れるのは、前期白亜紀末に入ってからのことでした。前期白亜紀末で全体的には、少ない側生器官が短い花床に輪生配列している花が多かったようです。後期白亜紀になりますと、真正双子葉類の基幹群が多様化するのに伴い、短い花床に少ない側生器官を輪生している花が、さらに多くなっていきます。花被片と雄しべは5数性であり、子房は、2数性か3数性のものが多くみられました。

以上のようなことから、最近では、大型のモクレン科植物のように、長い軸状の花床に多くの側生器官がラセン配列している花が原始的であるということに対しては、疑問視されるようになってきました。

4 原始的な花は、子房上位ですか?

被子植物の花を子房と花弁やガク片のついている位置関係によって、子房上位と子房下位に区別しています。ナス科植物やアブラナ科植物のように、子房が花弁やガク片のついている位置より上にある場合を子房上位と呼び、ウリ科植物やアヤメ科植物のように、子房が花弁やガク片のついている位置より下にある場合を子房下位と呼んでいます。モクレン説によると、子房上位から、子房が花床(花托)の中にはいりこむことによって、子房下位に進化していくと考えられてきました。つまり、子房上位がより原始的な形質となります。

前期白亜紀の花化石は、確かに、子房上位の花が多いのですが、子房中位から子房下位の花も見つかっています。後期白亜紀になりますと、子房上位と子房下位が、ほぼ、半分の割合になっています。現生の被子植物でも、子房上位と子房下位の割合が3対1ですので、白亜紀の被子植物では、子房下位の花の割合が現生の植物に比べても多いことになります。白亜紀における子房下位の出現も早く、その機能は胚珠を保護する役割をはたしていた可能性があります。

5　原始的な花にどんな花片がついていたのですか？

現生の被子植物の系統学的研究は、花被片のある状態が原始的形質であり、ヒダテラやマツモ、センリョウ科などの無花被花は、主要な系統群の初期の段階で進化したと考えられています。原始的な被子植物群では、花被片は同じ形状をしており、花弁とガク片の区別ができていませんが、真正双子葉類では、花被片は、花弁とガク片に区別されており、いずれも輪生配列をしています。

前期白亜紀の前半の被子植物は、花被片の花弁とガク片の区別ができない花でしたが、アルビアン期になると、花弁とガク片に明確に区別できる花が現れてきました。外側にガク片ができて、その内側に花弁がある花がでてきました。一般に、後期白亜紀の花は、花弁とガク片が明瞭にわかれており、輪生配列をしていて、ガク片は木質的で硬く、花弁は楕円形あるいはへら形で膜質でした。

初期の花は、花弁とガク片の区別のない均一な花被片をもっていましたが、進化が進むにつれて、花被片は、花弁とガク片に区別されるようになっていきました。

6 どんな雄しべが、最も原始的なのですか？

モクレン説では、雄しべは葉が変化してきたと見なしていますので、原始的な被子植物では、雄しべは葉から変形しているように、花糸と葯に分化しておらず、先端が葉の先のようにとがっており、雄しべの下半分は長く、幅広く、葯は内向型裂開をしていると考えています。確かに、アンボレラやスイレン科には、花糸と葯が明確に区別できない雄しべがみられますが、原始的な被子植物であるヒダテラ科やハゴロモモ科のように、花糸と葯が明確に区別できる雄しべをつける植物も見受けられます。

モクレン説では、数多くの雄しべがラセン配列をしているのが原始的となっていますが、前期白亜紀の被子植物には、被子植物の初期に出現した群でも、単一の雄しべをつける植物化石もあれば、3数性の雄しべをつけている植物もあり、雄しべの輪生配列とラセン配列または不規則の配列があるなど、すでに、多様な雄しべの配列のやり方が出現していました。初期の被子植物では、花糸と葯の区別が明瞭ではなく、葯隔の先端が突きでている雄しべが多く出現しています。すでにこの頃から、雄しべは、昆虫の誘引器官としての役割をもっていたようです。前期白亜紀末になると、雄しべの花糸と葯の区別がでてきます。後期白亜紀になると、1輪ないし2輪に輪生配列した雄しべが優位になり、花糸と葯の区別も明確になってきます。

雄しべは、花糸と葯の区別が不明瞭な状態から明確に区別できる状態へ進化が進んだものと思われます。雄しべの数は、必ずしも、多数から少数へと進化していったということではなさそうです。

7　原始的な花粉型とは?

被子植物の初期進化群の花粉粒は、発芽口が1個の単溝型で、三溝型はより進化したタイプとみなされています。このことは、白亜紀における花粉化石の出現状況とも一致しています。

イスラエルのバランギニアン期~オーテリビアン期の地層から、被子植物の最も古い花粉化石が発見されていますが、これが、発芽口のない無口型花粉なので、無口型と単溝型の花粉のどちらが最も古いタイプなのかは、まだわかっていません。オーテリビアン期では、単溝型花粉が主流になっています。三溝型花粉が最初に出現するのが、バレミアン期~アプチアン期であり、この頃に真正双子葉類の進化が始まったと考えられます。前期白亜紀末から後期白亜紀になりますと、しだいに三溝型花粉が多くなってきます。後期白亜紀になると、さらに多孔型花粉や多溝型花粉も加わってきます。花粉の表面模様がはっきりしているのは、虫媒花の花粉に多くみられるのですが、後期白亜紀になると、花粉表面の模様がない風媒花の花粉もみられるようになります。

8 雌しべの進化傾向

現生の原始的被子植物では、スイレン科を除き、心皮が1個ずつバラバラになっている離生心皮が多くみられます。このことは、離生心皮から合生心皮へと進化が進んだとするモクレン説と一致しています。離生心皮は、真正モクレン綱で優勢なのですが、真正双子葉類の基幹群では、複数の心皮がお互いに合着している合生心皮が優勢になっています。

ところが、前期白亜紀の地層から発見された植物化石には、離生心皮と合生心皮の両方が出現してきます。初期に出現する雌しべの化石には、現生の被子植物の雌しべに普通にみられる花柱がなくて、花粉がつく柱頭が突き出していないものもあることがわかりました。初期の被子植物の中には、単一の胚珠が単一の子房に包まれているものや、離生の多心皮とともに、スイレン科やツゲ目の花化石にみられるように合生心皮の花化石もでてくることがわかりました。

前期白亜紀末では、離生の多心皮が目立っていますが、合生心皮の花化石も増える傾向にあります。花柱のある雌しべも出現してきています。後期白亜紀で優勢になるのは、合生心皮で、1心皮あたり1胚珠の花化石が多くなり、花柱をもつ花化石が増えてきました。

以上のようなことから、離生心皮から合生心皮への進化傾向は認められますが、ラセン配列の多心皮から心皮数が減少していくという進化傾向は確認されていません。

9　胚珠と種子の進化傾向

従来のモクレン説では、子房を構成している心皮の中の胚珠（種子）の数が多いのを原始的形質とみていました。それに対して、1心皮あたり1個の胚珠が入っているタイプは、より進化した段階ということになります。しかし、最近の系統解析によると、1心皮に1個の倒生胚珠が下垂している状態が原始的であると考えられるようになっています。現生の原始的被子植物群の中でも、スイレン目やアウストロベイレヤなどのように、1心皮に多くの胚珠がはいっているものもありますが、一般的には少ない胚珠をもつ心皮から進化したと考えられています。

前期白亜紀では、圧倒的に多くの1心皮1胚珠の花化石が出現しています。しかも、胚珠のタイプは、倒生胚珠です。中国の遼寧省の前期白亜紀から発見されているアーキフラクタスでは、1心皮の中に10～18個の複数の胚珠が含まれています。後期白亜紀になると、1心皮あたりの胚珠の数に変異がみられるようになり、特に、多数の胚珠を含む心皮が多くみられるようになります。

10 蜜腺は、いつ頃、現れたのですか?

クスノキ目の花化石の雄しべの基部に蜜腺がついてくるのは、アルビアン期以降のことです。後期白亜紀に入りますと、蜜腺をもつ花化石が多くみられるようになり、昆虫などによる授粉機構が進化してきたことがわかります。

白亜紀全体を通じて、放射相称花が多いのですが、白亜紀末のマーストリヒチアン期には、左右相称花的な1本の対称軸をもつ花化石が現れます。古第三紀になりますと、マメ科植物の花のような左右相称花が現れてきます。被子植物の花は、放射相称花から左右相称花に進化していったようです。授粉様式の進化については、次の10章で詳しく述べたいと思います。

11 花の大きさの進化

被子植物の花の大きさは、授粉機構と深く関わっています。モクレン説では、原始的な花とは、モクレン属のように、大型の花と考えられてきました。でも、実際には、多くの現生の被子植物の進化は、小さい花から中ぐらいの花への進化傾向が認められます。小さい花は、真正双子葉類の初期分化群にもみられます。中ぐらいのサイズの花は、スイレン科で広くみられます。オオオニバスのような大型の花は、新生代になってから二次的な巨大化が起こった結果と考えられています。小さいサイズの花から大きいサイズの花への進化傾向は、植物化石からも支持されています。

前期白亜紀のバレミアン期～アプチアン期の花化石は、小さい～中くらいのサイズで、0.5ミリ～5ミリの大きさです。アルビアン期になりますと、直径が2～3センチと、少し大きくなる傾向があります。後期白亜紀でも、小さい花化石は発見されているのですが、直径が4センチにもおよぶ花化石も発見されています。このように、被子植物の花は、進化初期群では小さかったものが、しだいに大きな花へと進化していったと考えられています。

これまでみてきたように、長い間、不落の城のように強固な学説と考えられてきたモクレン説に基づいた被子植物の進化傾向が、かなり揺らぎ始めているのは事実です。将来的に、被子植物の進化について、どのように明らかにされていくのか、たいへん楽しみです。

10章　授粉機構の進化

さて、被子植物は、どうして花を咲かせるようになったのでしょうか？　被子植物は、庭で花を育てている人やフラワーアレンジメントを楽しむ人たちのために、美しい花を咲かせるようになったわけでもなさそうです。それなら、被子植物は、なぜ、多様な形や鮮やかな色彩のある花を咲かせているのでしょうか？

被子植物は、次の世代に引き継いでいくために、実にさまざまな繁殖様式を進化させてきました。繁殖様式には、根や茎などが栄養器官となって繁殖する無性生殖と、花粉が雌しべの先にある柱頭に受粉することで、種子を形成していく有性生殖があります。単に次世代に引き継いでいるのであれば、無性生殖や自家受粉だけをしていても良さそうですが、無性生殖や自家受粉だけを繰り返していきますと、その植物種は、遺伝的に均一な集団で構成されるようになります。被子植物の種は、厳しく変動する環境の中で生きていくには、多様な遺伝性をもつことが必要となります。そのために、被子植物の雄しべの葯から、別の花の雌しべの柱頭に花粉を運んでもらうことは、植物の種が生きていくためには、大変重要なことです。その結果、被子植物は、さまざまな授粉機構を進化させた花を咲かせるようになってきました。被子植物の花の機能は、できるだけ、遺伝的に多様な種子を生産し、その種子をできるだけ、広範囲な地域に分散することです。授粉機構には、風や水によるやり方と、昆虫などに授粉してもらうやり方があります。はたして、これらの授粉機構は、どのように進化してきたのでしょうか？

1　風媒花と水媒花

一般に、風や水の力にまかせて花粉を飛ばして授粉されるほうが、訪花昆虫によって授粉されるよりも単純な授粉様式のようにみえます。ところが、風や水の力にまかせる風媒花や水媒花は、授粉のための意外と複雑な機構をもっています。被子植物の進化において、風媒花が先か、虫媒花が先か？というのは、植物学において、かなり長い間、問題になってきました。つまり、風媒花に適応している尾状花序をもつハンノキやクルミのような植物を原始的とする説と、虫媒花であるモクレン群を原始的とする二つの説の間で、議論が繰り広げられてきました。では、初めに、現生植物のさまざまな授粉様式をみてみましょう。

風媒花は、イネ科やカバノキ科など、いろいろな系統群でみられます。風媒花植物は、温帯の草原やサバンナ、湿地帯など、開放的な場所にみられます。風媒花植物は、花粉の生産量が多く、花弁が目立たなく小さくなっており、1心皮あたりの胚珠の数が1個であり、雌雄異花であるなどの特徴があります。花粉の生産量を多くするために、葯が大きく、雄花の数が多く、一つの花あたりの雄しべの数も多い傾向があります。花粉の表面模様は平滑で、花粉がお互いにくっつくことはありません。雌しべにある柱頭は、風で飛ばされてきた花粉が付きやすいように、先端が分かれて、柱頭の表面にたくさんの小さな突起がみられます。

水媒花は、それほど多くはないのですが、雄花が水面をただよって雌花の柱頭に受粉するようなセキショウモなどが有名です。セキショウモは、水中での若い雄花の蕾をつけて、次々と若い雄花を水面に浮かべていきます。水面にでてきた雄花は開花して、葯を裂開させて、花粉をつけます。一方、雌花の柱頭は、水面に浮いたままに、雄花が水面に漂いながら流れにのってくるのを待ち受けて受粉します。浅い海に生育している被子植物であるアマモは、水中で開花し、水中に放出された細長い花粉が雌しべの柱頭にからみついて受粉させる水媒花です。

2 虫媒花

虫媒による授粉は、甲虫類、ハチ類、ハエ類、チョウ類などの訪花昆虫によって花粉を運んでもらうやり方です。そのために、被子植物は、優雅で美しい花を咲かせ、花弁の色と匂いと蜜で昆虫を誘引しています。紫外線をみることのできる訪花昆虫が、花の蜜腺の位置がわかるようになっていることも明らかにされています。訪花昆虫は、蜜や花粉を求めて次々に花に集まってくることで、花の受粉が行われます。中には、さらに複雑に進化した虫媒花植物があることも知られています。

例えば、オーストラリアに生育するハンマーオーキッドというランは、花がメスのコッチバチに擬態しており、メスのコッチバチと誤解したオスのハチを抱きつかせ、そのまま飛び立とうとするオスの力を利用して、その反動で、オスの背中に花粉塊をたたきつけて、別の花に運んでもらうというやり方です。また、イチジクは、花が実の中に隠れて咲くという変わった仕組みになっており、空洞のある袋状になっていて、外から花は見えないのですが、内側に小さな花がたくさん並んでいます。花を咲かせないで実をつけるようにみえるイチジクですが、れっきとした虫媒花植物です。イチジクでは、他の花から花粉をはこんできたイチジクコバチが、イチジクの若い果実の中に入り込んで、その中で受粉されることによって、果実が成熟してきます。イチジクコバチは、若い果実の中で産卵をし、イチジクの果実が成熟する頃に、中にいるイチジクコバチの卵からでてきた幼虫が成熟したイチジクを餌にして成長し、成虫になると、また別の花へと飛び立っていく、というやり方です。イチジクは、イチジクコバチに住まいと食料を提供して、受粉してもらっていることになります。

昆虫類の種類は、カゲロウ類やトンボ類から、カメムシ類やチョウ類やカミキリムシ類など、全部で百万種以上はあると言われています。最古の昆虫化石は、ベルギーの後期デボン紀の地層から発見されており、最近の昆虫類の分子系統学的研究によると、昆虫類が出現したのは、さらに古いオルドビス紀と考えられているようです。デボン紀の昆虫は、おそらく腐食昆虫であったと思われます。石炭紀にはいると、多くの草食性昆虫が現れてきました。当時の陸上植物にとっては、昆虫類はありがたくない厄介な存在であったのかも知れません。

昆虫の中で、授粉の担い手である訪花昆虫には、ハチやアリの仲間の膜翅目《まくしもく》、ハナアブやハエの仲間の双翅目《そうしもく》、チョウやガの仲間の鱗翅目《りんしもく》、甲虫の仲間の鞘翅目《しょうしもく》があります。これらの昆虫は、ペルム紀からジュラ紀にかけて出現してきますが、最初から授粉者として出現したわけではなく、当初は、葉や朽木をかじる草食性昆虫や腐食性昆虫だったようです。これらの昆虫から、訪花昆虫に進化していったのは、それほど多い種類ではありませんでした。

昆虫の化石の消化管の中から、ベネチテスの生殖器官やマオウ目や針葉樹類の花粉が発見されており、すでに、中生代には、昆虫と植物の関係が成立していたと考えられています。ハエやアブの仲間も、ベネチテスの花粉を食べるために頻繁に訪れていたようです。被子植物以前のベネチテスや裸子植物のグネツムは、甲虫類が授粉の役割を果たしていた可能性があります。現生の裸子植物のグネツム属植物がガの仲間によって授粉されており、マオウ属はハエ類によって授粉されており、ソテツ類がゾウムシの仲間によって授粉されることも知られています。また、現生の原始的被子植物では、86％が虫媒花植物、17％が風媒花植物、3％が水媒花植物であり、原始的被子植物でも虫媒花植物が優占していることがわかっています。[注3]

注3　合計が100％にならないのは、風媒と虫媒の両方がふくまれている植物があるからです。

このように、初期の被子植物が出現した前期白亜紀には、すでに訪花昆虫がいたと考えられています。訪花昆虫が本格的に多様化して活躍するようになったのは、新生代以降になってからのことでした。

ところで、現生の被子植物の中で最も原始的とされるアンボレラの授粉様式は、どうなっているのでしょうか？　アンボレラは、虫媒と風媒の両方のやり方をしており、昆虫への報酬は花粉であることが知られています。原始的被子植物に集まってくる昆虫は、花粉を食べることが目的のようです。これらの植物には、虫媒花の花粉に特徴的にみられる脂質性物質もついていませんでした。初期の被子植物では、蜜腺もなく、訪花昆虫への報酬は、主に花粉であった可能性があります。これらの主な訪花昆虫は、ハエ類や小さい甲虫類でした。被子植物が出現する以前に、これらの昆虫は地球上に現れているので、被子植物の初期の段階から、訪花昆虫による虫媒授粉が始まっていた可能性があります。

3　前期白亜紀の授粉機構

被子植物が最初に現れたと思われる後期バランギニアン期～前期バレミアン初期の地層からは、被子植物の花粉をつけている甲虫類の化石は発見されておらず、この年代の授粉様式を示唆している証拠は得られていません。後期バレミアン期〜前期アプチアン期になりますと、多くの甲虫類が発見されるようになります。これらの甲虫類は非常に小さくて、1種類の花粉をつけているものだけでなく、中には数種類の花粉をつけているものもあります。前にも述べましたが、この前期白亜紀に出現する被子植物は、小さい花を咲かせています。この年代の地層から被子植物の花粉をつけている甲虫類の化石が発見されており、これらの甲虫類は、被子植物の小さな花に適応した訪花昆虫であったと考えられます。原始的なチョウの仲間である鱗翅目の昆虫の中で、大顎《あご》で噛み砕いて摂食する口吻をもつ昆虫も出現していますが、現代のチョウのような渦巻状の口吻をもつものは現れていなかったようです。

前期白亜紀の被子植物の花は、両性花と単性花がありますが、大型の花弁をつけている花はほとんどありませんでした。この年代の被子植物の花は、苞という器官と雄しべによって保護されていました。訪花昆虫は、苞に誘われて集まり、花粉を報酬として受け取っていたようです。訪花昆虫のために蜜をだす蜜腺をもつ花が出現するのは、もう少し、後になってからのことでした。

約1億年前の後期アルビアン期から初期セノマニアン期に、初めて、花弁をもつ花も現れてきます。さらに、この年代になると、蜜腺をもつ花も現れてきます。ただし、前期白亜紀では、まだ、合弁花や左右相称花は出現してきていませんし、高度な授粉機構をもつハチ類やチョウ類も出現していませんでした。

4 後期白亜紀の授粉機構

後期白亜紀には、真正双子葉類、単子葉類と真正モクレン類が出現し、授粉者である昆虫の種類も増加して、被子植物の多様化が始まり、アーキアンタスのような大型の花も出現し、高度に洗練された授粉機構もみられるようになってきました。この年代の被子植物は、小さな放射相称花で、明瞭な花弁や蜜腺をもつ花も現れてきました。後期白亜紀では、ハチ類やハエ類、甲虫類が授粉の主要な役割を果たしていたようです。これらの昆虫は、蜜や花粉を報酬として受けとりながら、花の授粉をしていたようです。合弁花が出現し、花柱もはっきりとしてきました。果実の1心皮あたりの胚珠の数も多くなってきました。花弁とガク片の形・色などで区別がはっきりしている異花被花も多くなってきます。はっきりとした蜜腺も現れ、放射相称花に加えて、左右相称花も出現してきます。

多くの虫媒花植物に加えて、カバノキ科、クルミ科、ブナ科などの風媒花植物が出現します。これらの花の花被は退化しており、小さなガク片か、花弁の一方だけをつけています。風媒花植物は、1果実あたりの種子数が1～2個と少ないという特徴をもっています。

5　新生代の授粉機構

新生代にはいりますと、いろいろな大きさの花が出現してきます。合弁花で、多様な花冠をもつ花や、マメ科植物やショウガ科植物のような左右相称花も多くみられるようになります。多様化したチョウ類による本格的な授粉も行われるようになりました。ハチドリやコウモリによる授粉も行われるようになってきました。

これまでみてきたように、被子植物の授粉機構は、花が花弁や蜜腺をもつようになるとともに、虫媒花が多様に進化してきました。また、被子植物の初期段階から出現していた風媒花植物も増えてきました。虫媒花と風媒花のどちらが原始的かという議論がありますが、すでに被子植物の出現時に、虫媒による授粉をする植物とともに、風媒花も出現しています。最初の頃の被子植物の授粉機構は、花粉を食べにくる昆虫によって、授粉をしてもらっていましたが、報酬として蜜をつくるようになり、さらに精巧で優雅な花弁をつくることで、花を目立たせて、訪花昆虫によって授粉されるように進化してきたものと思われます。その一方で、風媒に適している花粉を多く生産することで、風媒花植物に進化していった群も出現してきました。現生のアンボレラなどの原始的被子植物には、虫媒と風媒、あるいは、風媒と水媒など、複数の授粉様式をもつ科もあり、どの授粉様式が最も原始的なのかという疑問に対する答えは見つかっていません。

11章　種子の散布様式の進化

被子植物は、いろいろなやりかたで受粉をするために、実に多様な花を進化させてきましたが、被子植物にとって、もう一つの重要なことがあります。それは、種子散布です。陸上植物は、自分で動くことはできません。そのために、次世代になる時に、できるだけ広い地域に種子を散布する必要があります。そうすることで、被子植物は新たな広い生育地を確保してきました。被子植物は、いろいろな形や大きさの種子や果実を形成することで、多様な種子散布様式を進化させてきました。

1 現生の被子植物の種子散布様式

被子植物の基本的な構造である種子を包んでいる子房壁（心皮）は、種子を保護するだけでなく、種子散布に重要な役割を担っています。種子の散布の仕方には、動物被食散布、動物付着散布、アリ散布、風散布、水流散布、自動散布、重力散布などがあります。

動物被食散布は、液果をつくり、哺乳類や鳥類によって果皮などが食べられることで、種子散布ができるようになっています。動物が果実を探しやすいように、成熟すると色づいて、液質に発達します。現生の被子植物では､特に鳥類や哺乳類が種子散布に深い関わりをもってきました。哺乳類や鳥類による種子散布は、果肉の部分を食い散らかして種子を散布するやり方や、木の実を食べた鳥の糞の中に種子が混じって散布されるやり方があります。この種子散布は、鳥の行動範囲を利用していますので、広範囲な地域に種子を運んでもらうことができます。

哺乳類は、動物被食散布の中心的役割を担っています。霊長類の動物は、多くの果実を食い散らかすことで、種子を散布しますし、リスによって、クルミやドングリなどが貯蔵される貯蔵型散布もあります。コウモリも、亜熱帯から熱帯にかけての被子植物の種子散布に関わっています。コウモリが種子散布をする被子植物の果実は、大きく、強烈な臭気をもっており、仮種皮があります。

動物付着散布型の果実は、表面に鉤状《かぎじょう》突起や粘液物質をもっており、哺乳類や鳥の毛に付着して運ばれるものです。動物付着散布型の中では、たとえば、ヤドリギは、初冬になって、木々の葉が落ちた頃に黄色の液果をつけています。空を飛んでいる鳥にとっては、美味しそうな実がついているので、ついばみにやってきます。ところが、ヤドリギの実には、強い粘着物質があるので、鳥は、ヤドリギの実をなかなか食べられないだけでなく、クチバシの周囲にくっついてしまいます。仕方なしに、鳥は、別の木まで飛んでいって、クチバシを枝に擦り付けて、種子を外そうとします。外された種子は、粘着物質によって木の枝にくっつき、そこで発芽して、寄生生活を繰り返していきます。ヤドリギは、鳥の習性をうまく利用して、見事な種子散布をやっています。

チョウ類やハチ類のように多くの昆虫が、花粉媒介者としての役割を担っていますが、種子散布に関与している昆虫が多いとはいえません。そんな中で、アリ類は、被子植物の種子散布に重要な役割を担っています。被子植物の中で、アリ散布をする種子は、珠柄（胎座）が発達した種《しゅ》枕《ちん》をもっています。この種枕は、エライオソームとも呼ばれ、アリにとっては栄養価の高い魅力的な食料です。そのため、アリは、種子を巣の中まで運びこんで貯蔵しておき、種枕だけを利用しますので、巣の中に残った種子から発芽できるという方法です。現生の被子植物のアリ散布の植物には、スミレ科植物やエンレイソウ属などがあります。

動物が関与しない種子散布もあります。たとえば、風散布の種子は、散布に適している特殊な翼や毛をもつことで、種子の落下を遅らせて、できるだけ遠くに散布するようになっています。自動散布とは、ホウセンカやゲンノショウコのように、果実が熟すにつれて乾燥し、種子を弾き飛ばすやり方です。その他にも、ヤシのように水流散布や、自然落下を利用する重力散布まで、実にさまざまです。

ところで、白亜紀の被子植物は、どのような種子散布をしていたのでしょうか？　アリの化石は、すでに後期白亜紀から見つかっていますが、種枕をもつ種子は発見されていませんので、白亜紀にアリが種子散布をしていたのかはわかっていません。

現代の被子植物の種子散布に主要な役割を果たしている多くの哺乳類や鳥類の本格的進化が始まったのは、新生代以降のことで、白亜紀にはほとんどいませんでしたので、哺乳類や鳥類が、白亜紀に被子植物の種子を散布していたということはなさそうです。そんな中で、白亜紀の被子植物は種子散布のために、いったい、どのような手段を使っていたのでしょうか？

2 白亜紀の植物の種子散布様式

現生の被子植物の果実は、わずか1ミリ位のものから、ドリアンの実のように30センチもの大きな果実まで、実に大きな変異があります。ところが、初期の被子植物群の種子の1個の重さは0.1～1.0ミリグラムで、果実も0.5～2.1ミリと小さいものでした。1果実あたりの種子数は、ほとんどが1個だけです。これらの果実の15％は石果《せきか》（核果《かくか》）であり、10％は液果、残りの75％は、袋《たい》果《か》あるいは堅果《けんか》でした。石果と液果を合わせた25％が動物による種子散布型とすれば、残りの75％が重力散布など、非生物的手段による種子散布であったと考えられます。

前期白亜紀末の地層から発見された花化石や果実化石も、小型のタイプが多いのですが、長さが38ミリのアーキフラクタスの花も発見されています。後期白亜紀になると、わずかですが、花化石や果実化石が大きくなる傾向がみられます。

白亜紀の被子植物は、小さい花が集合して花序を形成していた可能性があります。たとえ、花序にまとまったとしても、小さい果実であったことに変わりはなく、大型の恐竜が、小さい果実を餌として食べていたとは考えられません。白亜紀には、主要な哺乳類もまだ現れていないので、小さい液果を食べる哺乳類や鳥類は生存していなかったようです。また、果実が乾燥することで生じる乾湿運動で種子を弾き飛ばす自動散布型の構造をもつ果実化石も、白亜紀の地層から発見されておらず、自動散布型の果実もなかったと考えられます。白亜紀の被子植物の果実は、重力による自然落下や風による分散型など、重力散布や風散布が多く、果実が動物によって食べられることで種子が散布されるいわゆる動物散布型はなく、白亜紀では、被子植物と動物による密接な種子散布の関係は、まだ、成立していなかったのかも知れません。

新生代の被子植物は、動物付着散布や動物被食散布など、実に多様で個性的な種子散布様式をもつように進化していきました。新生代では、大型の花を咲かせる被子植物も現れるようになり、新たに登場してきた哺乳類や鳥類との関係を密接にしていった植物もあります。また、風散布のための特殊な翼や毛をもつように進化した植物もあれば、ラン科植物のように、微小な種子を大量につくることで、風散布型に特殊化していった植物もあります。白亜紀の被子植物が、主に重力散布や風散布で種子を散布していたのに比べると、新生代に入って、被子植物は、かなり進化してきたことになります。

12章　白亜紀の森林

古生代の石炭紀に、レピドデンドロン（鱗木、木本性ヒカゲノカズラの仲間）やカラミテス（木本性トクサの仲間）などによって、地球上に最初の森林が出現しました。ペルム紀の森林は、多くの絶滅した裸子植物によって構成されていました。中生代の三畳紀には、それまでに繁栄していた植物に代わって、ソテツ類やイチョウ類、針葉樹類、グネツム類などの裸子植物が増加してきます。ジュラ紀の森林には、マキ科、イチイ科、ナンヨウスギ科、ヒノキ科、スギ科、イヌガヤ科、マツ科などの針葉樹が出現してきました。白亜紀の地球上で、初期の被子植物は、どこに現れ、どのように分布を広げていったのでしょうか？

1 初期の被子植物

従来、被子植物の起源の地は、2億年前のゴンドワナ大陸の熱帯高地であるという考え方が有力な説とみなされていました。このゴンドワナ起源説には、あまり説得力のある根拠は見当たらないのですが、被子植物の祖先ではないかと考えられているグロッソプテリスが、南半球に分布していたことも影響して、被子植物のゴンドワナ起源説がでてきたのかも知れません。しかしながら、2億年前のゴンドワナ大陸は、高温で乾燥しており、石炭の生産量も少なく、被子植物が起源するための条件がそろっていたとは考えられない環境だった可能性があります。グロッソプテリスは、確かに被子植物の心皮に似た構造をもっていますが、花粉は、他の針葉樹植物と共通の気囊型であり、被子植物の直接の祖先とするには、かなり無理があります。

これまで、被子植物の最古の花粉化石がイスラエルで発見されていることや、ポルトガルの前期白亜紀の地層から数多くの被子植物の小型化石が発見されていることを考えると、被子植物が起源した地域は、白亜紀に湿潤な熱帯多雨林が広がっていたテーチス海の周辺地域であった可能性があります。

2　前期白亜紀の植生

さて、白亜紀の地球の森林には、どのような植物が生えており、どのように変化していったのでしょうか？　この手がかりになるのが、胞子や花粉の化石です。胞子や花粉は、化石として残りやすく、胞子や花粉の種類と相対的な量によって、それぞれの年代に、どのような植物が、どの割合で生育していたのかを、推定することができます。

初期の白亜紀では、シダ類の胞子化石は多様性に富み、かなりの割合を占めていました。これらのシダ類には、ヘゴ科や、ヤブレガサ科、ウラボシ科、ウラジロ科、リュウビンタイ科、ゼンマイ科、フサシダ科がありました。ツクシの仲間であるトクサ類も、湖沼の周囲や湿潤な場所に

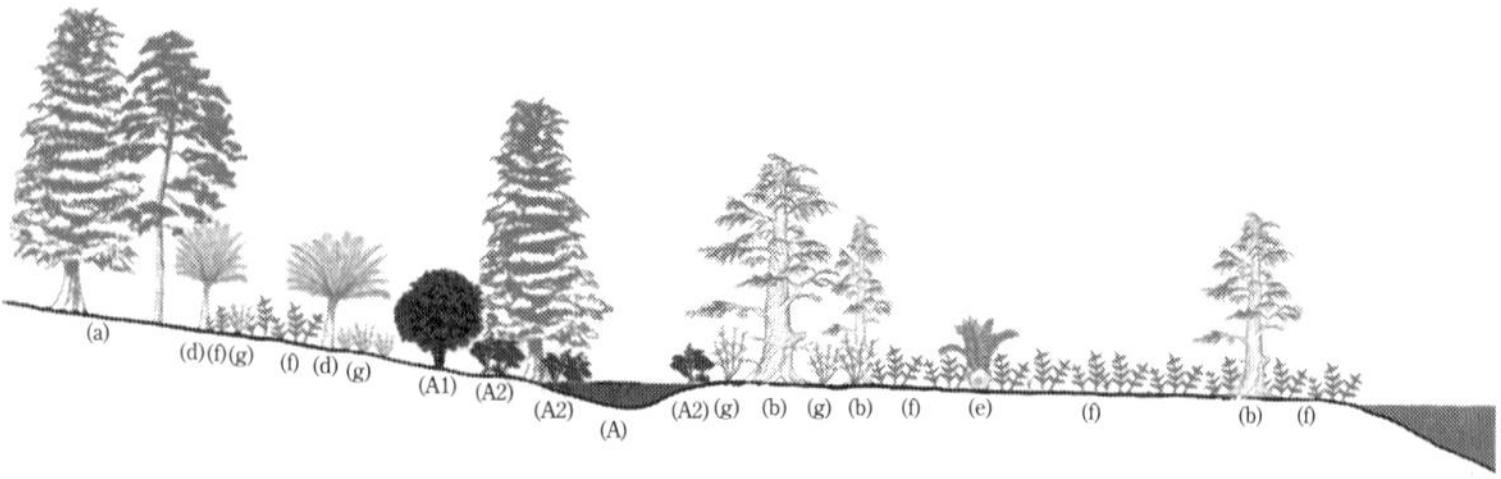

図 12・1　前期白亜紀の植生の復元図

(a)：針葉樹類、(b)：ケイロレピス科、(d)：ソテツ類、(e)：ベネチテス、(f)：シダ類、(g)：グネツム類、(A)：被子植物　水生、(A1)：被子植物　灌木、(A2)：被子植物　草本　（Friis *et al.*, 2011）

広く分布していました。また小葉類のミズニラ類やイワヒバ科も、白亜紀全体を通して多くみられました。前期白亜紀のサバンナには、矮性化《わいせいか》したベネチテスも生育していたようです。また、裸子植物のマオウ類やグネツム類もかなりの量に達していたようです。前期白亜紀では、針葉樹類の絶滅科であるケイロレピス科が多くあったようです。その他に、ヒノキ科やマキ科、イチョウ科などが森林を構成していました。このように、前期白亜紀のバランギニアン期〜バレミアン期（1億3900万年前〜1億2500万年前）には、初期の被子植物が出現してきたことを示す花粉化石が発見されています。

　多くのシダ類や裸子植物に混じって、水辺の湿地に草本や灌木、水生の被子植物がみられるようになってきました（図12・1）。アプチアン期になると、被子植物は、中緯度から低緯度地域にも広がるようになってきます。これらの被子植物は、草本か、または灌木であり、高木は含まれていないようです。この頃のポルトガルの地層からは、被子植物の50におよぶ分類群が見つかっています。その多くは、どの現生植物の分類群に属するのか、わからないのですが、中には、スイレン目などの原始的被子植物群や、原始的な単子葉類に近縁な群も含まれています。

アルビアン期になると、中緯度地域で、湿度のより高い時期と、乾燥した時期の季節変化があったと考えられています。この時期は、シダ類のイワヒバ科やウラジロ科が多い中で、マツ科、マキ科なども加わり、乾燥環境に適応しているケイロレピス科やグネツム類も生育していました。この年代には、ヒカゲノカズラ類やシダ類、針葉樹に混じって、被子植物は、北半球の高緯度地域にまで広がっていきます。主なシダ類は、フサシダ科、ウラジロ科、ゼンマイ科、タカワラビ科などです。真正双子葉類の基幹群も出現するようになり、スズカケノキ科植物もかなり多く生育していたようです。低緯度地域では、全花粉化石の7割が被子植物の花粉であり、森林の中でも、被子植物は主要な構成要素になっていることがわかります。北半球のローレシアの高緯度地域では、イチョウ類が多く、他のすべての木本植物も年輪を形成しており、季節変化があったことを示しています。南半球のゴンドワナの高緯度地域には、ナンヨウスギ科やマキ科が多く分布していたようです。

3　後期白亜紀の植生

後期白亜紀に入って、被子植物はさらに全地球上で多様化していきます。北半球のローレシアでは、ヨーロッパから北アメリカ東部に位置するノルマポリス型花粉化石群で特徴づけられる地域と、北アメリカ東部からアジアの高緯度地域の奇妙な形態のアキラポレニテス型花粉化石群で特徴づけられる地域ができてきます。北海道の後期白亜紀の地層からもアキラポレニテス型花粉化石群が発見されていますが、はたして、どのような植物であったのか、明らかにされていません。近いうちに、このアキラポレニテス型花粉化石が付着している花化石を発見することによって、どのような植物であったのかを明らかにできる日がくることでしょう。

後期白亜紀の北アメリカ西部の中緯度地域では、主に、草本性の被子植物とシダ類が優占していました。これらの草本植物は、草食性の恐竜の餌になっていたことでしょう。低緯度地域の熱帯アメリカや熱帯アフリカでは、ヤシ科に近い単子葉類が、全植生の10～15％に達し、多湿化するとともに、乾燥地域が減少する傾向がありました。後期白亜紀のマーストリヒチアン期のインドでは、ヤシ科植物が、バショウ科（バナナの仲間）の果実とともに発見されています。南半球の高緯度地域では、ナンキョクブナ科の花粉がでてくるようになってきました。

以上述べてきたように、白亜紀の初めの頃は、シダ類と裸子植物だけで森林が形成されていました。その頃、花を咲かせる植物はなかったので、ほとんど、緑一色の森林だったと思います。では、アルビアン期になって、被子植物が森の中でみられるようになると、一気に、カラフルで色鮮やかな花々が咲き乱れるようになったのでしょうか？　残念ながら、白亜紀に咲いていた多くの花は、ほんの1～2ミリしかなく、目立つ花弁も発達していなかったので、白亜紀の森に、被子植物の色鮮やかな花々が咲き乱れるということはなかったようです。豊かな色彩をもつ花々が咲き、大きな美味しそうな果実がぶら下がっている森林になるのは、新生代以降のことでした。

13章　被子植物の進化史

現生の被子植物は、たとえ、アンボレラやスイレン目のように分子系統的に原始的な系統群だとしても、白亜紀に生育していた属や種がまったく変化しないままに、現代まで生育し続けているというのではありません。白亜紀に花を咲かせていた被子植物の属や種はすでに絶滅してしまっていて、その系統上に新たに進化してきた属や種に置き代わってきたことになります。被子植物は、古い種の絶滅と新たな種の出現を繰り返しながら、多様化し、進化し続けてきました。

被子植物が地球上に最初に出現したのは、前期白亜紀のバランギニアン期の約1億3500万年前と考えられています。その1千万年後のアプチアン期から、被子植物の葉や花の化石が発見されており、被子植物が放射状に初期進化を開始していたことがわかります。前期白亜紀の地層から発見される小型化石には、真正双子葉類の種類数は少なく、その一方で、現生の被子植物との関連性が不明な植物化石や、絶滅してしまった初期系統群の植物化石が数多く発見されています。初期の被子植物群の小型化石の中には、分子系統で明らかにされたアンボレラ科やスイレン目のような初期系統群に属する分類群や、真正モクレン綱、単子葉類および真正双子葉類の初期分化群が含まれており、これらの初期の被子植物群は、小灌木や草本、水生植物であったと考えられます。

前期白亜紀末には、被子植物の初期の多様化が進み、ロウバイ科やクスノキ科、シキミモドキ科、モクレン科などの多くの真正モクレン綱が出現しています。さらに、真正双子葉類では、ヤマモガシ目やツゲ目が出現し、陸上植物の中で、被子植物が、少しずつ優占するようになってきました。

後期白亜紀には、被子植物はさらに多様化し、センリョウ科などが目立つようになってきました。真正モクレン綱では、特にクスノキ科やバンレイシ科なども出現し、単子葉類のヤシ科やショウガ科も含まれてきます。さらに、真正双子葉類の多様性が増加しています。白亜紀の終わりに近いマーストリヒチアン期では、高木の被子植物が多くなってきたようです。

白亜紀末は、K／T境界と呼ばれており、ペルム紀末に次ぐ生物界の大絶滅が起こったと推定されています。これまで、被子植物に対する白亜紀末の大絶滅の影響は少ないと考えられていましたが、陸上植物の半分以上の種が消滅し、シダ類が地表を覆うなど、かなりの影響があったと指摘されるようになってきました。

このように、被子植物が地球上に出現してから、1億3500万年の間、地球環境は大きく変化し、被子植物は、多くの種の絶滅と新たな種の出現を繰り返しながら、多様化し、進化してきました。

以下に、スイレン目植物と、クスノキ科植物、ブナ科植物や単子葉類などを例として、白亜紀以降の植物化石のデータから見えてくるそれぞれの分類群の進化の歴史をたどってみようと思います。

1 スイレン目

スイレン目植物は、被子植物の初期の進化段階で、アンボレラに次いで進化してきた原始的な分類群です。現生のスイレン目は、ハゴロモモ科（2属6種）、ヒダテラ科（1属12種）、スイレン科（8属56種）から構成されている水生植物です。かつては、ハスもスイレン科に入れられていたことがありますが、現在、ハス科はまったく別系統のヤマモガシ目の1科として取り扱われています。現生のスイレン目植物は、ジュンサイやハゴロモモなどのように小さい花をつける種もありますが、スイレンやオオオニバスのように、大型の花をつける種もあります。スイレン目植物は、白亜紀に出現した頃から、スイレンやオオオニバスのような大形の花を水面に咲かせていたのでしょうか？

すでに7章で紹介したように、ポルトガルの前期白亜紀の地層から、わずか直径2ミリの雄しべや、花被片の跡の形態やつき方から、スイレン科と確認できる花化石が発見されました。これは、最古のスイレン科の花化石であり、モネチアンタスと名づけられました。この花化石は、現生のスイレン科植物の花に比べて、非常に小さい花化石でした。さらに、ブラジルのアプチアン期～アルビアン期の地層から、プルリカルペラというハゴロモモ科に近縁な植物化石や、福島県いわき市の双葉層群から、シンパアレというスイレン科の種子化石も発見されています。古第三紀に入ると、現生のジュンサイ属（ハゴロモモ科）とコウホネ属（スイレン科）の他に、10属のスイレン目の絶滅植物の種子化石が発見されており、新生代に入って、スイレン目の多様化がさらに進んだと考えられます。

大型の花をもつスイレン属、オオオニバス属やオニバス属の化石が発見されるのは、新第三紀以降のことです。白亜紀の被子植物初期進化群のスイレン目植物は、かなり小さい花をつけていたと考えられています。スイレン科植物の中で、熱帯スイレンやオオオニバスのように、大きな花をつけるような植物が出現したのは、新第三紀になってからのようです。

2　センリョウ目

日本ではヒトリシズカやセンリョウで知られている現生のセンリョウ科は、世界で4属66種から構成されており、花被をもたない単純な花をつけ、主に東アジア、東南アジアと中央アメリカに生育しています。分子系統的には、アンボレラなどの最も原始的な被子植物群の次に分化しており、単子葉類や真正モクレン綱と真正双子葉類の分岐点に位置している植物群です。現生のセンリョウ科植物は、ヘディオスムム属を除けば、花被を欠いており、雄しべは1～2個（まれに3～5個）が、雌しべの背軸側に直接ついているという特徴をもっています。ヘディオスムム属は、中央～南アメリカから東南アジアにかけて分布しており、雌花には3枚の花被があります。

これまでに、白亜紀の花粉化石の研究で、イギリスや北アメリカなどのバレミアン期～アプチアン期（1億2700万年前～1億1200万年前）の地層から、クラバテポリネテスという花粉化石が発見されており、現生のセンリョウ科植物であるアスカリナ属の花粉に非常に良く似ているということで注目されてきました。ただし、これまでに、アスカリナ属の花化石が白亜紀の地層から発見されたことはなく、アスカリナ属が白亜紀に出現したということではなさそうです。

センリョウ科の花化石は、白亜紀の地層から、数多く発見されています。ヘディオスムム属に類似している雄花と雌花の花化石が、ポルトガルの前期白亜紀から発見されており、これらの花化石は、現生のヘディオスムム属に比較して、花が小さいのと、雄しべの数が多いこと以外は、ほとんど同じような形態をしています。これらの花化石は、後期白亜紀には少なくなって、新生代に入りますと、南アメリカに再び出現するようになります。現生のヘディオスムム属の多くの種が中央アメリカに分布しているので、従来の考え方でいえば、ヘディオスムム属は中央アメリカで分化したことになりますが、植物化石のデータを考慮すると、かつては世界的に広く分布していたセンリョウ科植物の中の遺存種と考える方が妥当なようです。さらに、センリョウ科の花化石のクロランテステモン属が、スウェーデンや北アメリカの後期白亜紀の地層からも発見されています。クロランテステモン属は、1個の花が0.5ミリとかなり小さいのですが、現生のチャラン属植物の花や花粉と非常によく類似しています。クロランテステモン属の花化石の出現状況をみますと、4個の花粉室をつけていた雄しべから、2個の花粉室をもつ雄しべに進化していったと考えられています。これらのセンリョウ科の化石は、後期白亜紀に減少し、新第三紀に再出現してくるので、現生のセンリョウ科植物は、新第三紀になってから多様化してきたと考えられます。

前期白亜紀に、すでにセンリョウ科植物が出現していたことは確実なのですが、古草本説が主張しているように、センリョウ科植物が、被子植物の進化の出発点になったということはなさそうです。

3　クスノキ目

クスノキ目には、クスノキ科の他に、ゴモルテガ科やモニミア科、ロウバイ科など6科が含まれており、その中で、クスノキ科は、ゲッケイジュ、シナモン、アボカドなど、67属2700種からなり、真正モクレン綱の中で、最も多くの種から構成され、熱帯から温帯地域にかけて分布しています。クスノキ科植物は、3枚ずつの花被片を2輪つけており、雄しべや仮雄蕊《かゆうずい》の構成に違いがありますが、葯の裂開の仕方が共通して弁開型です。雌しべは、1心皮からなり、1個の胚珠を含んでいます。これらクスノキ科の特徴は、すでに前期白亜紀に確立していたようです。クスノキ科の最古の花化石は、北アメリカのバージニア州のアルビアン期の地層から発見されています。同じ地層から、ロウバイ科の花化石であるバージニアンタスも発見されています。クスノキ科の花化石は、アルビアン期からカンパニアン期にかけて、北アメリカ、ヨーロッパや日本から数多く発見されています。クスノキ目は、古第三紀に入ると、熱帯地域に広がっていきました。年代が進むにしたがって分布を変えていくというのは、センリョウ目植物と同じようなやり方です。従来、最も多くの現生種が分布している地域が、その植物群の起源地であるという説がありますが、長い年代にわたる植物化石のデータからみますと、必ずしも、多様な種群の分布地が、その分類群の起源地ということでもないようです。

4　単子葉類

従来の古典的分類体系では、被子植物は、単子葉類と双子葉類の二つのグループに分けられていましたが、新しい分類体系では、被子植物は、ＡＮＩＴＡ群とよばれる初期進化群と、真正モクレン綱などの原始的被子植物群が分岐した後に、単子葉類が分岐し、さらに、真正双子葉類と続いていくことが明らかにされてきました。現生の単子葉類は、１枚の子葉をもち、茎に二次組織は欠けており、7万種にも及ぶ大きなグループです。

　単子葉類の白亜紀の化石は多くはないのですが、オモダカ目に近縁と考えられる花化石が、ポルトガルの前期白亜紀の地層から発見されており、サトイモ科はすでに前期白亜紀には分化していたことが示唆されています。分子系統的には、ショウブ属〜オモダカ目が、単子葉類の中で最も原始的な群に位置していることが明らかになってきました。全体的に、白亜紀の単子葉類の化石は少ないです。多くの単子葉類は湿地帯に生えていたことと関係しているのかも知れません。現生のラン科植物は925属2万7000種あり、単子葉類の中でも、最も多様性に富んでいる大きな科です。ラン科植物の化石は、新生代の漸新世〜中新世から出現しており、ラン科植物は、新生代に入ってから進化してきた科であると考えられます。

5　真正双子葉類

　被子植物の花粉には、発芽口の数と位置の違いによって、単溝型花粉と三溝型花粉の二つの基本型があります。原始的被子植物群と単子葉類は単溝型花粉をもっており、真正双子葉類は三溝型花粉またはその派生型花粉をもつことで区別されます。前期白亜紀において、真正双子葉類の特徴である三溝型花粉が出現してくるのは、単溝型花粉が見つかってから1000万年〜

1500万年後のことです。花粉化石のデータに基づき、真正双子葉類はアルビアン期に出現し、後期白亜紀に多様化してきたと考えられています。真正双子葉類の中で、初期の段階で出現してきた基幹群には、キンポウゲ目、ツゲ目、ヤマモガシ目があります。福島県の8900万年前の後期白亜紀の地層からも、真正双子葉類の原始的なグループに含まれるヤマグルマ科の花化石が発見されています。後期白亜紀の早い段階で、ブナ目も出現したことが明らかにされています。また、ツツジ目の花化石は、後期白亜紀のチューロニアン期から発見されており、ミズキ目の果実化石ヒロノイア属は、福島県の上北迫植物化石群から発見されています。これらの植物化石の発見は、ツツジ目植物やミズキ目植物が、後期白亜紀から新生代にかけて多様化していたことを物語っています。一方、マメ目、ナス目、シソ目などの植物群は、白亜紀に生育していたという証拠はなく、おそらく、これらの分類群は、新生代になってから、放射状に多様化してきたと考えられています。新生代になってから出現してきた目や科は、多くの属や種からなっており、多様性に富んでいるという傾向があります。

次に、真正双子葉類の中から、ヤマモガシ目とブナ目を取り上げて、その進化のプロセスを辿《たど》りたいと思います。

6 ヤマモガシ目

ヤマモガシ目は、ハス科、スズカケノキ科とヤマモガシ科の3科で構成されています。ハスは、かつて、スイレン科の1属とされたこともありましたが、現在は、独立したハス科として扱われています。その地下茎はレンコンとして食用に使われる水生植物です。スズカケノキ科は、7章でも述べているように、街路樹として広く利用されています。現生のスズカケノキ科が北半球に分布しているのに対して、ヤマモガシ科の分布の中心は、南アフリカやオーストラリアなどのゴンドワナ起源の南半球で、68属1250種におよぶ大きな科です。この科には、生け花に使われるプロテアという植物や、チョコレートに入っているマカダミアなども含まれています。これらのハスとスズカケノキとプロテアが近縁な群といわれても、形態的には互いにかなり異なりますので、にわかに信じがたいのですが、分子系統的に、単系統であることが明らかにされました。

ヤマモガシ目のこれらの3科の植物化石は、いずれもアルビアン期の地層から発見されています。ハス科の化石は、主に北半球からの葉化石ですが、アルゼンチンの後期白亜紀からも発見されていますので、かつては、両半球にハス科の分布域があったことが示されています。おそらく、前期白亜紀に湿潤な湖に出現したハス科植物は、新生代に入って、しだいに生育地域が狭められていったと考えられます。スイレン科が新生代に入って多様化していったのに対して、ハス科は

1属だけが、現在まで生き残っています。現在、ハス属は、北アメリカとアジアからオーストラリアにかけて分布していますが、これらは、かつて広範囲に分布していたハス属が遺存的に残った結果と考えられます。

スズカケノキ属は、東南アジアに分布している常緑性の1種と、欧米に分布する落葉性の種から構成されています。これらの現生のスズカケノキ属の植物は、単性花で、風媒花で、球状に花が集まっています。最も古いスズカケノキ類の化石は、雌花が球状に集まっている花序や、雄花からなる花序の化石が発見されています。白亜紀の地層から発見される多くのスズカケノキ類の花序の化石は、未分化の花被片をもつ単性の放射相称花が球状に集まっています。これらの花が虫媒花であることを示す葯の弁開や花粉のポーレンキット[注4]があることも明らかになっています。白亜紀のスズカケノキ類の受粉のやり方は、虫媒花が中心のようですが、後期白亜紀に入りますと、雌しべの柱頭が突出し、花被片が退化してくるなど、風媒花への移行が始まっているようにもみえます。現生のスズカケノキ科は、高木となる木本性植物であり、白亜紀のスズカケノキ類も、葉の化石から推定すると、おそらく木本性植物であったと思われます。

ヤマモガシ科の白亜紀の化石は、主に花粉化石ですが、新生代になると、葉、花序や花の化石

注4　花粉の周囲にある脂質物質のこと。

も発見されるようになります。ヤマモガシ科の中で、初期に分化した系統群は熱帯多雨林で出現し、種数が少ないのに対し、後になって分化した群は、貧栄養下で生育している硬葉樹で、種数が多い傾向があります。オーストラリアからの化石のデータから、硬葉樹のヤマモガシ科植物が、後期白亜紀に出現し、新生代の暁新世から始新世にかけて多様化し、漸新世から中新世にかけて、湿潤な地域から、乾燥している地域にも分布を広げていったようです。

7 ブナ目

ブナ目は、ナンキョクブナ科が、ブナ科を含む他のブナ目植物の姉妹群を構成しています。ナンキョクブナ科以外のブナ目植物の系統は、ブナ科、ヤマモモ科、ロイプテレア科、クルミ科のグループと、ティコデンドロン科、カバノキ科とモクマオウ科からなるもう一つのグループから構成されています。ブナ目植物の花は、基本的に単純な風媒花の単性花です。ブナ目植物は、白亜紀末までには汎熱帯分布をしていたようです。ヤマモガシ目と違って、ナンキョクブナ科以外のブナ目植物の種が多様化したのは、北半球でした。ナンキョクブナ科の花粉化石と材化石が最初に出現したのは、オーストラリアの後期白亜紀のカンパニアン期でした。現生の属に類似する花粉化石は、オーストラリア、ニュージーランド、南アメリカ、南極の白亜紀末の地層から発見されていいます。つまり、南半球の高緯度地域から、ナンキョクブナ科の花粉化石が発見されていますが、北半球からは発見されていません。ナンキョクブナ科は、古第三紀に南半球で出現したことが、葉や殻斗《かくと》（どんぐりのおわん）の化石や材化石などから明らかにされています。

北半球では、ブナ目植物の化石は、後期白亜紀の地層から発見されています。これらの中で、最古のブナ目植物の果実化石は、福島県の上北迫植物化石群から発見されたアーキファガケアです。北アメリカ南東部のサントニアン期の地層からも、保存性の良いブナ目植物の雌花や雄花の花化石が発見されています。その他、ブナ型花粉化石がセノマニアン期から発見されており、ブナ目植物の基幹群は、前期白亜紀末には出現していたものと思われます。後期白亜紀の後半に入ると、北半球でのブナ目植物の多様化が拡大していきます。

ニクズク科―ロイプテレア科―クルミ科は、互いに近縁なグループであり、後期白亜紀の地層から、バドバリカルパスという花の化石が発見されています。この化石は、現生属であるロイプテラにきわめてよく類似しています。ただし、ロイプテラの果実は、より大型で、風の力で分散するように適応した形態をもっています。

現生のクルミ科は、12属89種から構成されており、多様な種子形態がみられます。植物化石のデータによると、新生代に入ってから、クルミ科は、ノグルミのように果実に翼が発達しており、風散布に適応していった群と、ペカン属やクルミ属のように、液状の外果皮があり、動物散布に適応していった群があるようです。

8 新生代における被子植物の進化

白亜紀が終わり、哺乳類の時代ともいわれる新生代となった地球は、温暖な状態から、しだいに、冷涼化と乾燥化が進んできました。新生代の初期の暁新世では、熱帯～亜熱帯性の被子植物が広く高緯度地域まで分布していました。初期の新生代までには被子植物の主な科はすでに出現していました。年代が進んで、漸新世になると、気候の乾燥化が進むとともに、北半球の中央アジアや南北アメリカ、アフリカではイネ科などの乾生植物が繁茂するサバンナやステップが広がっていったと考えられています。新第三紀の中新世には、地球の寒冷化がさらに進み、キク科植物も多様化し、針葉樹・落葉広葉樹混交林が広がり、熱帯多雨林の地域が減少していきました。258万年前、人類の時代である第四紀に入ると、地球はさらに寒冷化して氷河期となり、氷期と間氷期を繰り返すようになってきました。日本でも、メタセコイア、スイショウ、イヌカラマツ、オオバタグルミ、ヒメブナ、フウなどの暖帯性混交林は、しだいに衰退し、代わりにトウヒ属、マツ属、ブナ、ミツガシワ、ヒシモドキなどの温帯～冷温帯性の植物が現れてきました。2万年前には、関東から四国・九州にかけて、ブナを中心とする冷温帯落葉広葉樹林が広がっていたと推定されています。最終氷期が終わった1万1700年前から完新世となり、日本ではハンノキ属とカバノキ属の占める割合が高くなり、縄文時代には、ミズナラ属やブナ属、ニレ属およびケヤキ属などから構成される落葉広葉樹林と常緑広葉樹林が優占するようになってきたことが花粉分析から推定されています。

この30年間の古植物学的研究によって、前期白亜紀の被子植物初期進化群の姿は、かなり具体的に明らかにされてきました。小型化石によって明らかにされた白亜紀の被子植物始原群は、現生の原始的被子植物群とは必ずしも一致しないのですが、白亜紀の被子植物の小型化石の出現してくる年代と進化的傾向は、最近の分子系統学的研究の結果にほぼ準じているようにもみえます。これまで、被子植物のいくつかの科の進化のプロセスをたどってみましたが、それぞれ、長い進化の歴史があって、現在の地球に生育していることがわかります。被子植物の進化の歴史を解明しようとする研究は、分子系統学的研究で飛躍的に発展してきていますが、白亜紀以降の個々の系統上にあった被子植物の具体的姿を明らかにする研究は、やっとスタート台に立ったばかりかも知れません。

14章　エピローグ―未来の研究者へ―

この30年の間に、被子植物の化石に関する情報はかなり増加しており、ダーウィンによって「忌まわしき謎」とされてきた白亜紀における被子植物の初期進化の問題が、少しずつ明らかにされようとしています。ダーウィンは、被子植物が新生代に急激に出現してきたとみていたようですが、被子植物は、突然に進化したのではなく、前期白亜紀に長い年代をかけて進化してきたことが明らかになってきました。被子植物は、後期白亜紀から新生代にかけて、さらに多様化が進み、花の形態や構造が複雑化するように進化してきたことがわかってきました。長い年代にわたる地球環境の変遷の中で、被子植物は、新たな種の出現と絶滅を繰り返しながら進化してきたことが、具体的に解明されるようになってきました。

一般に、研究活動は、実験や野外調査をやれば、簡単に新たな知見がすぐに得られるようなものではなく、一つの研究成果をあげるには、無駄とも見えるかなりの労力と、長年の地道な試行錯誤の活動を積み上げていく必要があります。最近、研究者はすぐに研究成果を出すことを求められる傾向があります。しかも、論文を発表してから、わずか1~2年の間に、どれだけ他の論文に引用されたかという指数が、その論文の価値を決めているという競争原理に支配されています。そのために、若い研究者は、できるだけ速く、多くの研究論文をだせる研究テーマを選ぶ傾向があります。若い研究者は、数多くの研究論文を、引用回数の多い研究雑誌に発表することによって、安定した研究職につく必要がありますので、しかたがないのかも知れません。
ところが、自然科学の研究分野は、きわめて多様なものであり、どうしても長い年月を必要とする分野もあります。中には、百年以上も古い文献が必要になることもあります。1億年も昔の被子植物の花を白亜紀の堆積岩の中から探すという研究テーマも、その一つなのかも知れません。1億数千万年にわたる被子植物の広範な進化の歴史の中で、これまでに明らかにされているところも、ほんのわずかな部分に過ぎません。生物学の分野というのは、この本のシリーズにありますように、実に興味深い「忌まわしき謎」に満ち溢れています。たとえ、多くの年月を研究に費やすことになっても、「忌まわしき謎」に挑戦する若い人が、将来的にでてくることを期待しています。

本書をまとめるにあたり、Peter R. Crane, Else Marie Friis, Patrick S. Herendeen, 長谷部光泰、邑田 仁、吉澤和徳の各先生方に、貴重なご意見とご助言をいただきました。厚くお礼を申し上げます。特に、このシリーズの編集委員をされている長田敏行先生と、裳華房の野田昌宏氏には、本書をまとめるにあたり、貴重なご教示と有意義なご批判をいただき、大変お世話になりました。心より、感謝申し上げます。

Elsevier Science and Technology Journals
Gongle Shi
International Journal of Plant Sciences
James A. Doyle
John Wiley and Sons
Journal of Plant Research
Kaj R. Pedersen
Kalpana Sharma
Michael Rothman
Nature
New Phytologist
Palaeogeography, Palyaeoclimatology, Palaeoecology
Palaeontographica B
Patrick S. Herendeen
Paleontological Research
Peter R. Crane
Plant Systematics and Evolution
Review of Palaeobotany and Palynology
Science
Springer Science and Bus Media B V
Systematic Botany
Trends in Plant Science
University of Chicago Press
William L. Crepet
北海道大学出版会

Surange, K. R., Chandra, S. (1974a) Palaeobotanist, **21**: 255-266.
Surange, K. R., Chandra, S. (1974b) Palaeobotanist, **21**: 121-126.
Takahashi, M. *et al.* (1999) Paleont. Res., **3**: 81-87.
Takahashi, M. *et al.* (2002) J. Plant Res., **115**: 463-473.
Takahashi, M. *et al.* (2007) Inter. Jour. Plant Sci., **168**: 341-350.
Takahashi, M. *et al.* (2008a) Inter. Jour. Plant Sci., **169**: 890-898.
Takahashi, M. *et al.* (2008b) Inter. J. Plant Sci., **169**: 899-907.
Takahashi, M. *et al.* (2014) Syst. Bot., **39**: 715-724.
Takahashi, M. *et al.* (2017) J. Plant Res., **130**: doi: 10.1007/s10265-017-0945-1.
Thomas, H. H. (1925) Philos Trans. Roy. Soc. London B, **213**: 299-363.
Townrow, J. A. (1962) Bull. Brit. Mus (Nat. Hist) Geology, **6**: 289-320.
Vishnu-Mittre (1953) Palaeobotanist, **2**: 75-84.
von Balthazar, M. *et al.* (2005) Plant Syst. Evol., **255**: 55-75.
国際地質年代層序表　2016/10 国際層序委員会 http://www.stratigraphy.org/

本書の図版は、下記の方々および出版社から転載許可を得ています。
版権使用を快くご承諾いただきましたことにお礼を申し上げます。

American Assn for the Advancement of Science
American Journal of Botany
Andreas Naegele
Annals of Botany
Annual Review of Earth and Planetary Sciences
Annual Reviews, Inc
Botanical Journal of Linnean Society
Botany
Brooks/Cole
Cambridge University Press
Chase Mark
E. Schweizerbart Science Publishers
Else Marie Friis

Friis, E. M. *et al.* (2001) Nature, **410**: 357-360.
Friis, E. M. *et al.* (2006) Palaeogeo. Palaeoclimat. Palaeoecol., **232**: 251-293.
Friis, E. M. *et al.* (2009) Inter. Jour. Plant Sci., **170**: 1086-1101.
Frumin, S., Friis, E. M. (1999) Plant Syst. Evol., **216**: 265-288.
Gandolfo, M. A. *et al.* (1998) Amer. J. Bot., **85**: 376-386.
Gandolfo, M. A. *et al.* (2002) Amer. J. Bot., **89**: 1040-1057.
Harris, T. M. (1958) Palaeobotanist, **7**: 93-106.
Harris, T. M. (1962) Trans. Roy. Soc. New Zealand Geol., **1**: 17-27.
Harris, T. M. (1964) "The Yorkshire Jurassic Flora" Vol. II. British Museum (Natural Hisotory) London.
Harris, T. M. *et al.* (1974) "The Yorkshire Jurassic Flora" Vol. IV. British Museum (Natural Hisotory) London.
Herendeen, P. S. *et al.* (1993) Amer. J. Bot., **80**: 865-871.
Herendeen, P. S. *et al.* (1995) Inter. Jour. Plant Sci., **156**: 93-116.
Herendeen, P. S. *et al.* (2016) Botany, **94**: 787-803.
Herendeen, P. S. *et al.* (2017) Nature Plants, **3**: Article Number 17015.
Hochuli, P. A., Feist-Burkhardt, S. (2013) Front. Plant Sci., **4**: 1-14.
Keller, J. A. *et al.* (1996) Amer. J. Bot., **83**: 528-541.
Klavins, S. D. *et al.* (2002) Amer. J. Bot., **89**: 664-676.
Liu, Z.-J., Wang, X. (2016) Hist. Biol., **28**: 707-719.
Misof, B. *et al.* (2014) Science, **346**: 763-767.
Pott, C. *et al.* (2010) Rev. Palaeobot. Palynol., **159**: 94-111.
Reymanówna (1873) Acta Palaeobotanica, **1**: 1-28.
Sahni, B. (1948) Bot. Gaz., **110**: 47-80.
Schönenberger, J. (2005) Trends Plant Sci., **10**: 436-443.
Schönenberger, J. *et al.* (2001) Ann. Bot., **88**: 423-437.
Schwitzer, H.-J. (1977) Palaeontographica B, **161**: 98-145.
Shi, G. *et al.* (2016) New Phytologist, **210**: 1418-1429.
Skelton, P. W. *et al.* (2003) " The Cretaceous World" Cambridge Univ. Press. London.
Starr, C. (2000) "Biology : Concepts and Applications" 4th ed., Brooks/Cole, California.
Sun, G. *et al.* (1998) Science, **282**: 1692-1695.

参考書

Friis, E. M. *et al.* (2011) "Early Flowers and Angiosperm Evolution" Cambridge Univ. Press. London.

ピーター クレイン(著), 矢野真千子(翻訳)(2014)『イチョウ 奇跡の２億年史：生き残った最古の樹木の物語』河出書房新社.

長田敏行 (2014)『イチョウの自然誌と文化史』裳華房.

髙橋正道 (2006)『被子植物の起源と初期進化』北海道大学出版会.

引用文献

Anderson, J. M., Anderson, H. M. (2003) Pretoria: National Botanical Institute.

Angiosperm Phylogeny Group (2016) Bot. Jour. Linn. Soc., **181**: 1-20.

Arber, E. A. N., Parkin, J. (1907) J. Linn. Soc. Bot., **38**: 29-80.

Axsmith, B. J. *et al.* (2000) Amer. J. Bot., **87**: 757-768.

Barreda, V. D. *et al.* (2015) Proc. Natl. Acad. Sci. USA, **112**: 10989-10994.

Beaulieu, J. M. *et al.* (2015) Syst. Biol. **64**: 869-878.

Bose *et al.* (1985) Philos Trans. Roy. Soc. London B, **310**: 77-108.

Crane, P. R. (1985) Ann. Missouri Bot. Gard., **72**: 716-793.

Crepet, W. L. (1996) Rev. Palaeotbot. Palynol., **90**: 339-359.

Crepet, W. L. *et al.* (2004). Amer. J. Bot., **91**: 1666-1682.

Doyle, J. A. (2012) Ann. Rev. Earth Planet. Sci., **40**: 301-326.

Drinnan, A. N., Chambers, T. C. (1985) Aust. Jour. Bot. **33**: 89-100.

Eklund, H. *et al.* (1997) Plant Syst. Evol., **207**: 13-42.

Firbas, F. (1947) "Spermatophyta, Samenpflanzen" Strasburger, E. ed., Gustav Fisher, Jena, p. 454-567.

Friis, E. M. *et al.* (1992) Biol. Skrift. Det Kongel. Dans. Vidensk. Selsk., **41**: 1-45.

Friis, E. M. *et al.* (1994) Inter. Jour. Plant Sci., **155**: 772-785.

Friis, E. M. *et al.* (2000) Inter. Jour. Plant Sci., **161** (6 Suppl.): S169-S182.

ヤ　行

ラ　行

ワ　行

ハ　　行

マ　　行

タ 行

ナ 行

サ　行

索　　引

欧　　文

ア　　行

カ　　行

著者略歴

髙《たか》橋《はし》正《まさ》道《みち》

1950年　山形県生まれ

1979年　東北大学大学院理学研究科博士課程修了　理学博士

現　在　新潟大学名誉教授

主　著　『被子植物の起源と初期進化』（北海道大学出版会），“Two early eudicot fossil flowers from the Kamikitaba assemblage (Coniacian, Late Cretaceous) in northeastern Japan”（J. Plant Res. 130巻2017年. On line First Article doi:10.1007/s10265-017-0945-1 by Takahashi, M., Herendeen, P. S. and Xiao, X.）など.

シリーズ・生命の神秘と不思議

花のルーツを探る — 被子植物の化石 —

2017年　7月　20日　第1版1刷発行

検印省略

定価はカバーに表示してあります.

著作者　髙　橋　正　道

発行者　吉　野　和　浩

発行所　東京都千代田区四番町8-1
電　話　03-3262-9166（代）
郵便番号 102-0081
株式会社　裳　華　房

印刷所　株式会社　真　興　社

製本所　株式会社　松　岳　社

社団法人
自然科学書協会会員

ISBN 978-4-7853-5121-2